JN155264

森林鉄道 賛歌 千頭

谷田部 英雄
Hideo Yatabe

文芸社

『寸又森林軌道沿線名所図絵』

（本図絵は当時の建設会社が製作したものである。154頁参照）

寸又峡谷の断崖を通過する寸又森林軌道（後の千頭森林鉄道）

千頭大橋から東海道線を経て駿河湾、御前崎の遠望

大井川と寸又川の合流点付近と富士山の遠望

東側集落から大間堰堤の鳥瞰、遠方は南アルプス連峰南部

大根沢集落から千頭堰堤の鳥瞰、遠望は南アルプス連峰

『賛歌　千頭森林鉄道』発刊に寄せて

私は千頭森林鉄道の起点であった千頭貯木場にほど近い、清水館の６代目として生を受けました。昭和52年に旧本川根町議会議員に初当選、平成10年から旧本川根町々長を２期務め、平成25年に川根本町々長に就任いたしました。その為、千頭森林鉄道には想いが強く、現在の千頭駅周辺に位置した千頭貯木場は、千頭国有林事業の最大の要所として栄えて来たことは公知のことでありますが、幼少の頃から貯木場に集積されてくる大量の木材を見て圧巻の光景であったと子供ながらに感じていたのを覚えています。

平成６年６月に、南アルプス国立公園とその周辺が、「ユネスコエコパーク」に登録されました。この登録エリアには川根本町全域が含まれており、本州で唯一の原生自然環境保全地域を保全しながら、本町の雄大な自然を利活用し、後世に残していくための取り組みを行なっていきたいと考えております。そして、平成27年10月には特定非営利活動法人「日本で最も美しい村」連合に加盟し、また一つ、世界が認めた本町の優れた地域資源が増えました。この「日本で最も美しい村」とは、人口が少なくても素晴らしい地域資源を持つ町や村が「日本で最も美しい村」を宣言することで、自らの地域に誇りを持ち、地域の活性化と自立を住民自らの手で推進し、将来にわたって美しい地域づくりを進めていくことを目的にしており、フランスから始まりベルギーやカナダ、イタリアなどで展開され、日本では60を超える自治体と地域が加盟している取り組みです。これらの豊かな自然と生活文化の調和が認められたきっかけの一つとして、先人達が築いてきた千頭森林鉄道の存在があることは言うまでもありません。

さらに、千頭森林鉄道が大井川流域をにぎわせ、林業が隆盛を迎えていた頃に比べ、現在では過疎・高齢化の進行、林業従事者の減少、管理放棄森林が増え、林業衰退が叫ばれておりますが、本町では森林再生と地域活性化を目指す取り組みである「木の駅プロジェクト」もスタートいたしました。全国では50を超える地域で実施されていますが、県内では初の試みとなります。このプロジェクトは、間伐したまま山に放置されている林地残材を軽トラックに積み込んで集荷場に出荷してもらうことで、長期的な視点での地球温暖化ストップや土砂災害防止、水源涵養をはじめとする森林の持つ多面的かつ公益的な機能を強化することにつながります。その上で、出荷者に地域通貨である町内の登録商店でしか使用できない「ダラ券」を発行することで、併せて地域経済の活性化を図ろうというものです。この「木の駅かわね」は元国有林の土場であった桑野山にある貯木場を町が国から買い受け、利活用をして行く、軽トラックとチェンソー、地域を愛する心があれば誰でも登録ができ、森林再生と地域活性化の両立を目指すプロジェクトの展開を期待しています。

この度、本冊『賛歌　千頭森林鉄道』の発刊に当り、筆者谷田部英雄氏から地元町長の序文執筆の依頼を受け、千頭森林鉄道隆盛を記憶のままに書き綴らせていただいたことをお許し下さい。
一方で、隆盛時に及ばないものの、現在の森林保全と利活用に関する施策と当時に想いを馳せ林業復活に尽力される関係者の活動を紹介させていただきました。
最期に『賛歌　千頭森林鉄道』発刊に当り、改めて著者の調査や資料収集の熱意と努力に対し、深甚なる敬意を表します。

平成27年12月
静岡県榛原郡川根本町々長
鈴　木　敏　夫

『賛歌　千頭森林鉄道』上梓に寄せて

“千頭”と聞けば、私は大学山岳部時代光岳からの帰路、柴沢から大間まで40キロの森林鉄道上を歩いた辛い記憶が蘇る。

2006年頃、南アルプス山岳図書館設置計画に関与していた私は、たびたび寸又峡温泉を訪れていました。3年後、図書館が完成して間もない頃、ある会合で私の話に耳を傾けてくださる初老の紳士がおられました。それが東京営林局（現関東森林管理局）高萩営林署長を昭和62年に退官した谷田部さんとの最初の出会いでした。話をしているうちに共通の人物との繋がりのあることが判りました。それは古い先輩の加藤誠平氏や花園一郎氏、茂呂茂樹氏など学校山岳部の親しい先輩達でした。

加藤誠平氏は大正12年山岳部の前身である旧制静高（現静岡大学）旅行部の創立者で、戦後20年余東大スキー山岳部長を務め、東大初のヒマラヤ遠征隊長、上高地河童橋の設計者、東大教授として索道理論の大家であったことなど幅広い分野に足跡を残しました。

一方、花園一郎氏は旧制静高山岳部から東京帝大（現東京大学）に進み、東京営林局長時代に南アルプスをよく歩いていました。

谷田部さんが若い頃、加藤誠平先生の索道理論を夜遅くまで勉強したこと、先生が千頭営林署の事業地視察に訪れたとき現地案内したこと。

さらには花園一郎局長に同行して赤石幹線林道建設前の予備調査や大無間山、農鳥岳、間ノ岳、北岳（我が国第二の高峰）、野呂川流域などの調査で案内したことなど想い出話を語ってくれました。

千頭生まれの茂呂茂樹氏も旧制静高山岳部から東京帝大に進み、軍役後の日本銀行勤務をした先輩で、山岳部時代厳父惣吉と交友のあった南アルプスの主といわれた猟師榎田勇作をガイドに南アルプスに入っていた記録が部報に残っています。

また、茂呂惣吉は、その昔一帯の森が帝室林野局の管理していた御料林時代、明治44年に森林官として皇宮警察から千頭出張所へ転勤した。当時、竣工した寸又峡に架かる森林鉄道の吊橋“飛龍橋”の命名提案者が氏であったことを知りました。

このような人達との絆から、親しい付合いを始めた矢先、谷田部さんが千頭時代の記録写真集『千頭山―森林鉄道と山奥で働いた人々のあかし―』を自費出版されました。仄聞するに、既に『千頭山がたり』、『千頭山小史』、『史実を訪ねて』を発行されていて、今回の出版は五冊目だという。

千頭署管内の伐木事業所主任、署の生産係長、事業課長、次長と四度、本局とを往復し、三十余年、生涯の大半を千頭署ですごした著者の千頭への深い思い入れと自分の生き様を残したいという気持が凝縮して生まれた著書だと存じます。

極めて急峻な地形の奥地天然林で、全国屈指の事業量を持ち、労働災害件数も一つの営林局と肩を並べるほどだったというから、劣悪な作業環境ながら事業量の多さが千頭営林署の特徴で、全国十指に入る大機械化営林署だったと言われます。

今となっては二度と見ることのできない当時の姿・風景を写した写真は歴史的にも文化的にも貴重なものばかりです。私も山岳部時代に幾多の思い出のある千頭周辺は懐かしい地であり、谷田部さんの記録写真を貪るように見入りました。いろいろな想い出が蘇りました。

そして更に今回、『賛歌　千頭森林鉄道』を上梓されるという。森林鉄道に焦点を絞った写真集となっており、千頭森林鉄道が視覚的に楽しめる貴重な書物に仕上がっています。

手元に『遠山森林鉄道』（長野営林局編集：南信新聞社刊）という書物があります。南アルプス前衛の山を挟んだ北面の遠山と南面の千頭という位置にある二つの山峡で既に過去の遺物となったと思われていた森林鉄道に関する書物が広く日の目を見ようとしています。

森林鉄道を使う林業文化システムを完成させていた日本人の足跡を復活保存できないのだろうか。私は人類の文化遺産としても千頭森林鉄道の一部を復活保存させる運動に繋がることを期待しています。

平成27年12月
静岡大学山岳部紫岳会々長
NPO法人　静岡山の文化交流センター理事長
日本山岳会　評議員　山　本　良　三

発刊によせて

平成27年、明治日本の産業革命遺産が世界文化遺産に登録された。

こうした遺産群により発展した我が国経済を支え続けたのは、国内に豊富に存在した森林資源に他ならなかった。しかし、林業の生産手段は近代化が遅れ、人力に依存したものから容易に脱却できなかった。特に、木材を生産地から運び出す運材手段は、その多くを不安定な河川の流送に頼らざるを得なかった。こうした状況を打開し、木材輸送を近代化に導いたものが森林鉄道の導入だった。森林鉄道は明治時代後期から優良な木材を産出する地域から順次建設が進められ、戦後の高度経済成長期まで木材輸送の主役を担った。

この度、こうした森林鉄道の中でも、旧東京営林局で最大の延長を誇り、旧御料林の中でも長野県の王滝森林鉄道に次ぐ規模の静岡県千頭森林鉄道の記録を取りまとめた図書が『賛歌　千頭森林鉄道』として発刊されることとなった。著者は、『千頭山小史』、『史実を訪ねて』などの著書のある林野庁ＯＢ谷田部英雄氏である。同氏は昭和23年に東京営林局に奉職以来、千頭営林署に４度も勤務されており、まさに千頭国有林識者の第一人者である。

千頭森林鉄道が建設された大井川支流寸又川流域の国有林は、明治22年に御料林に編入され、ようやく斧が入れられることになった。しかし、寸又川での流送以外に木材輸送の手段が無かった。昭和に入り、寸又川にダム建設が計画され、水利権の補償として電力会社が森林鉄道を建設し、御料林に無償譲渡することが建設条件とされた。

こうして、昭和５年、中部電力の前身である第二富士電力によって大井川本流と寸又川合流点である沢間を起点とした森林鉄道の建設が始められた。その後、昭和10年に大井川本流の大井川ダム建設のため千頭を起点に沢間を経て本流奥へ大井川鉄道井川線の前身となる専用鉄道が建設されている。当初は、森林鉄道と同じゲージで森林鉄道と沢間で接続されていたが、翌年大井川鉄道と同じ1067ｍｍに改軌される。このため、千頭、沢間間は、これ以降、全国的にも他に例を見ない三線軌条区間として運用された。また、長大な路線であるだけでなく、高さ100ｍに達する吊り橋の飛龍橋の存在や索道による軌条の接続など極めてバラエティに富んだ路線であった。

本著の特徴は、豊富な写真が掲載されているというだけでなく、他の森林鉄道本と異なり国有林の現場で仕事を経験したものでしか記録できない業務の具体的流れに沿って説明されていることだろう。また、森林鉄道事故の具体的事例が掲載されているのも貴重でである。僅かでも林業現場に携わったものであれば、目の前に作業内容が浮かび、一気に読んでしまう力作である。

谷田部氏の几帳面な記録保存と取材力に敬意を表する次第であるが、それを独力で出版される情熱にもただただ頭が下る思いである。林業関係者や鉄道関係者だけでなく、歴史好きな方など多くの方に手に取っていただけることを期待したい。

平成27年12月
元東北森林管理局長
石巻専修大学人間学部　客員教授
矢　部　三　雄

目　　次

1　千頭営林署の変遷

大井川は流程160キロに及ぶ河川で、流域の森林面積は13万1,000ヘクタールである。その内、千頭営林署（現、静岡森林管理署）の管理する面積は2万6,419ヘクタール（第二次国有林野施業実施計画）で約20％を占めている。

千頭、掛川、浜松営林署所管の国有林は、明治4年に官林となり、明治22年、御料林に編入され、その後、昭和22年の林政統一により東京営林局（現、関東森林管理局）管理の国有林となった。林政統一前の御料地は普通御料地と世伝御料地に区分されていた。

さらに普通御料地は、第一種類御料地と第二種類御料地に分けられ、前者は主に御料局設置以前からの皇室直接所要の土地（御用邸等）を言い、後者は収益事業用の土地で明治22、3年に大編入を受けた官林が主なるものである。

世伝御料地は明治22年制定の皇室典範により、皇室保持の基本財産であった。

梅地御料地は最初から第二種御料地に、千頭御料地は千頭山、門桁山等の千頭団地や瀬尻国有林と同じく、明治23年及び大正10年の２回にわたり、世伝御料地に指定されたが、これらの管理は種類を問わず同一であった。

明治22（1889）	年4月	御料林に編入、木曾支庁所属
	年8月	静岡支庁静岡出張所
24（1891）	年1月	静岡支庁森出張所（静岡出張所を合併）
31（1898）	年3月	静岡支庁静岡出張所
41（1908）	年1月	本局を帝室林野管理局と改称
42（1909）	年1月	静岡支庁千頭出張所（千頭・気田・掛川等の出張所を新設し、森及び静岡出張所を廃止）
大正 3（1914）	年8月	名古屋支局千頭出張所（静岡支庁廃止）
13（1924）	年4月	本局を帝室林野局と改称
昭和18（1943）	年8月	名古屋地方帝室林野局千頭出張所
20（1945）	年8月	静岡地方帝室林野局千頭出張所（この地方局は静岡県内の御料林を管轄し、沼津・天城・河津・千頭・掛川・気田・水窪・三ケ日の８出張所を監督）
22（1947）	年4月	御料林は国有林に編入し林野局東京営林局千頭営林署
24（1949）	年6月	林野局を林野庁と改称
平成11（1999）	年3月	関東森林管理局東京事務所静岡森林管理署

宮内省帝室林野管理局静岡支庁千頭出張所
明治42年開庁時の庁舎

千頭営林署旧庁舎（旧宮内省帝室林野局名古屋支局千頭出張所）
大正期の建築
両側に聳える大木は皇紀2600年記念祝賀行事の一環として植樹されたものである。
撮影　昭和29年

庁舎　昭和36年新築
平成13年7月31日千頭事務所廃庁
右　　正面玄関
下左　正面玄関左側
下右　正面玄関右側

御料局分担区事務所所在地。上川根村千頭字大間　撮影　大正７年頃

2　千頭国有林の林相

千頭国有林は南アルプスの南端に位置し、光岳（2,591㍍）など2,000㍍を超える連峰の一帯で、本州中部の太平洋側における山地帯から高山帯に至る天然林を主体とする森林である。

標高、概ね1,700㍍以下は広葉樹のブナやミズナラ、カエデなど、針葉樹ではモミやハリモミ、ツガなどが主たる樹種で、1,700㍍以上になるとコメツガやトウヒ、ウラジロモミ、ヒメコマツ、シラベ、アオモリトドマツ、ナナカマドなどである。さらに高山になると、いわゆる高山植物地帯となっている。

千頭国有林南西部の遠望
手前から大井川流域、横沢流域、最奥は大間川流域、遠方左奥は黒法師岳（2,067㍍）。
右は前黒法師岳（1,782㍍）　国道362号線冨士城峠付近から

千頭国有林南部の遠望
手前はオチイ沢流域、奥は榛原川流域、左から蕎麦粒山（1,782㍍）の山腹を横断する南赤石林道。左は板取山（1,513㍍）、右は沢口山（1,424㍍）、右手前は町林道

昭和20年代に植栽したスギ、ヒノキ人工林。場所梅地321,322林班。右下は大井川

上西河内天然ヒノキ林　103林班　撮影　昭和29年

学術参考保護林アカマツ天然林
場所　梅地321林班

ヒノキ人工林（林齢50年）
梅地323林班

森林生態系保護地域を含む寸又川支流リンチョウ沢流域（173 ～ 177 林班）の天然林の遠望

不動岳（2.171メートル）山頂 104、111 ～ 123 林班界付近の針葉樹林

モミ、ツガの天然林。林床には1ha当たり6,000本余の稚樹が密生している。
大間川流域36 ～ 37班界

天然ヒノキの伐根が残る昭和10年代の伐跡地。伐根に穴を掘り材質を確認した跡がある。
追口を根張りの上方に入れるので伐根は高い。諸ノ沢山146林班にて

3　慰霊碑の建立

千頭営林署の管理する国有林は、地形急峻な奥地天然林で、全国屈指の事業量を持ち、且つ作業工程は複雑多岐にわたり、木材などの輸送は森林鉄道が唯一の手段であるという極めて厳しい作業環境下にあった。このような現状を踏まえ、安全対策には万全を期してきたが不幸にして殉職者の発生は後を絶たなかった。昭和31年、高倉岩太署長（在任　昭和30年1月16日～昭和37年4月5日）の発案により慰霊碑を建立し、殉職者の御霊を祀ろうということになった。そこで、多くの賛同者から浄財を募り、寸又川と大間川の出合いを見下ろす絶景の地である尾崎坂（68林班）に慰霊碑を建立した。除幕式には遺族や職員、多くの関係者が集い御霊を祀った。

千頭国有林殉職者慰霊碑　尾崎坂68林班

4　山神祭

毎年4月の入山日には署員や各現場の主任、作業班長などが参集し、千頭貯木場に鎮座する山を司る神、伊弉諾尊（イザナギノミコト）の子、大山祇神（オオヤマツミノカミ）を祀り祝詞奏上を行ない、山の安全を祈願した。

千頭貯木場構内の祠に鎮座する神前に於いて行なわれる安全祈願祭
参列者　江藤素彦千頭営林署長他職員、現場主任、作業班長他

5　開庁以来の大事業

戦後、長期にわたり資材不足が続き、軌道など各施設の老朽化、機関車などの磨耗や損傷などが進み作業の安全と生産性の向上を大きく阻害した。加えて戦時中からの過伐による資源不足、食糧難による作業員の雇用不足などにより、生産性は年々低下していった。このような現状から昭和11年以降、実行してきた官行斫伐(しゃくばつ)事業（製品生産事業）は、今後も継続していくことは困難であるという状況に至った。

そして昭和23年になると営林署廃止論が浮上した。そこで局署一体となり、あらゆる選択種から事業継続を検討したところ、次のような結論を得た。

即ち、

ア、伐採量の約40パーセントを立木販売に切り替え経費の支出を削減する。

イ、昭和26年度から新たに上西河内の優良天然林の開発に着手し、事業の拡大を図る

など。

以上の施策を積極的に進めることにより黒字転換の見通しを得た。そこで、昭和26年度に準備事業として、天地索道を基幹とする作業軌道やインクライン、木馬道、集材架線など総延長6,000メートルに及ぶ大規模な運材施設の作設を開始した。

昭和27年8月14日発行の木材新聞は「東洋一の天地索道完成さる」「千頭営林署のモミ、ツガの宝庫開発へ」などの見出しで「去る8月8日千頭営林署上西事業地の天地索道下盤台において、管内市町村長、関係団体、林野庁及び営林局幹部、報道関係者など多数の来賓出席を得て実施した」と伝えている。上西における事業は戦前戦後を通じて最大で、その後、再びこのような大事業が展開されることはなかった。

本谷事業所上西事業地開山式
伊藤馨千頭営林署長式辞　　場所　天地索道221林班　昭和27年8月8日施行

式典終了と同時に天地索道が作動し、薬球が割れ5色の紙吹雪が舞い
十数羽のハトが一斉に飛び出し寸又渓谷を飛翔した。
当時地方新聞はトップ記事で大々的に報じた。

本谷事業所上西事業地・生産工程図

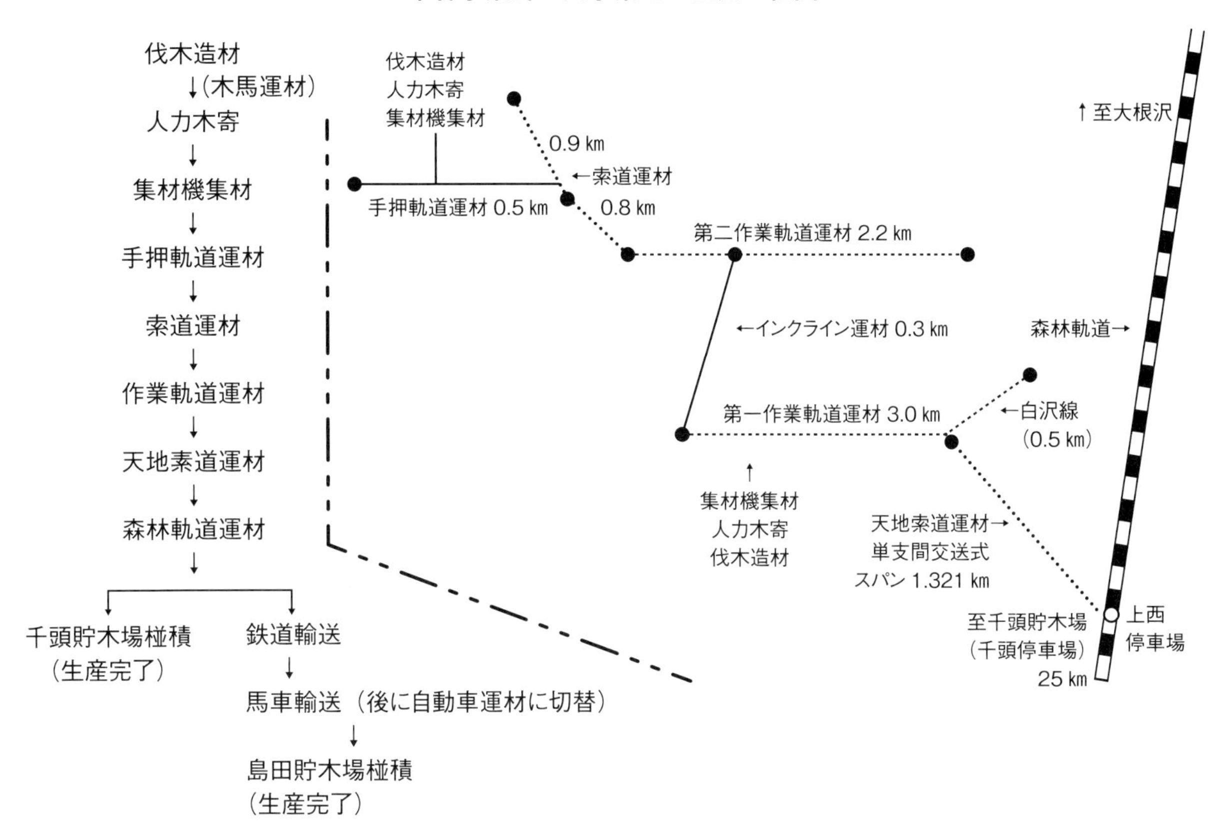

6　事業所他

(1) 千頭貯木場

千頭国有林で実行する製品生産事業を始めとする造林、治山など各種事業の輸送機関は唯一森林鉄道で、運行を担当するのは千頭貯木場であった。

千頭貯木場はその他、機関車や貨車、集材機などの点検修理を行なう修理工場、枕木や宿舎用材などを製材する製材工場、さらに事業地から運材される木材の仕訳椪積や販売、森林電話の保守業務を担当した。このように千頭貯木場の業務は多岐にわたっており、携わる職員数も多く事業量が漸増する昭和30年代には四十数余名の職員が勤務していた。

右は旧千頭貯木場事務所（木造２階建）
旧機関庫は開戦前に造られたが、当時鉄筋が不足しており、チェンブロックのコンクリート支柱には孟宗竹を割った代用鉄筋を使用しており、解体時に発見する。当時の旧機関庫新築担当者から竹筋使用の話を聴いていたので、慎重に作業を進めた結果、発見した。

千頭貯木場見取図（昭和29年現在）

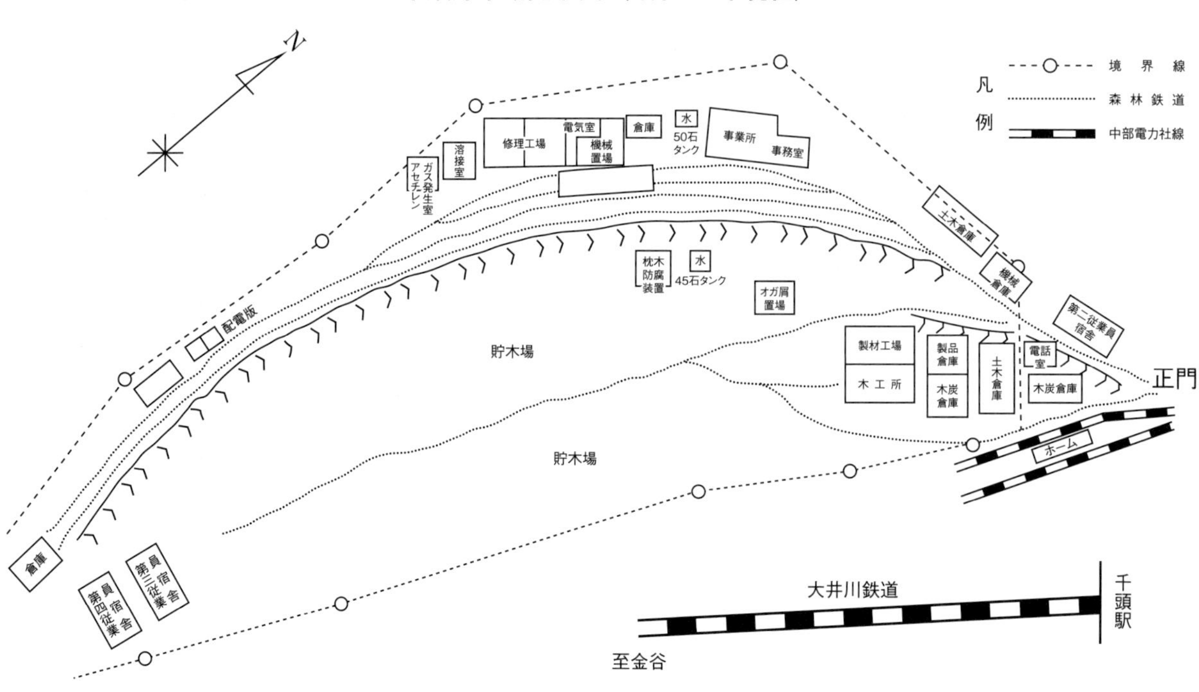

千頭貯木場北側の俯瞰。左上の白い２階建は事務所、貯木場右側は大井川鉄道千頭駅構内

千頭貯木場南側の俯瞰。貯木場の左に隣接するのは大井川鉄道千頭駅構内

ア、修理工場

機関庫兼修理工場、右の建屋は事務所

修理工場工作機械配置図

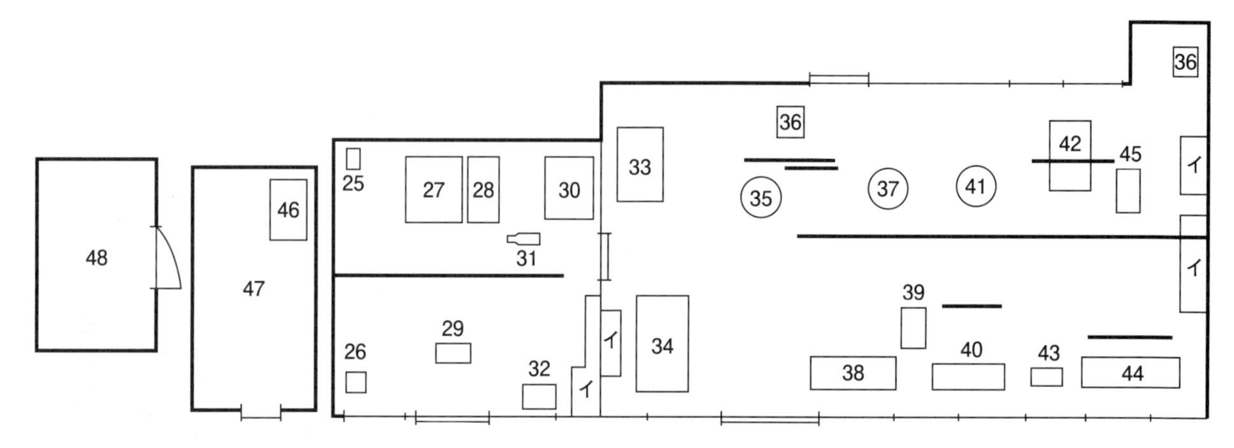

25-電動機（2HP）・26-送風機・27-鋳物溶解炉・28-ベルトハンマー・29-万力（6in）・30-巣床・31-鉄床・32-コークス及び木炭箱・33-ボーリングマシン（安全型）・34-オイルプレス（80 t）・35-ボール盤（8in）・36-機械鋸盤・37-ボール盤（18in）・38-直結旋盤（英式6ft）・39-製品台・40-旋盤（米式6ft）・41-ボール盤（12in）・4-成形機、43-グラインダー・44-旋盤（英式8ft）・45-万力（5in）・46-電動機（2hp）・47-電気溶接機・48-アセチレンガス発生器

修理工場内部

機関車のオーバホール

部品の点検修理

旋盤（英式6ft）による機関車車輪の修正

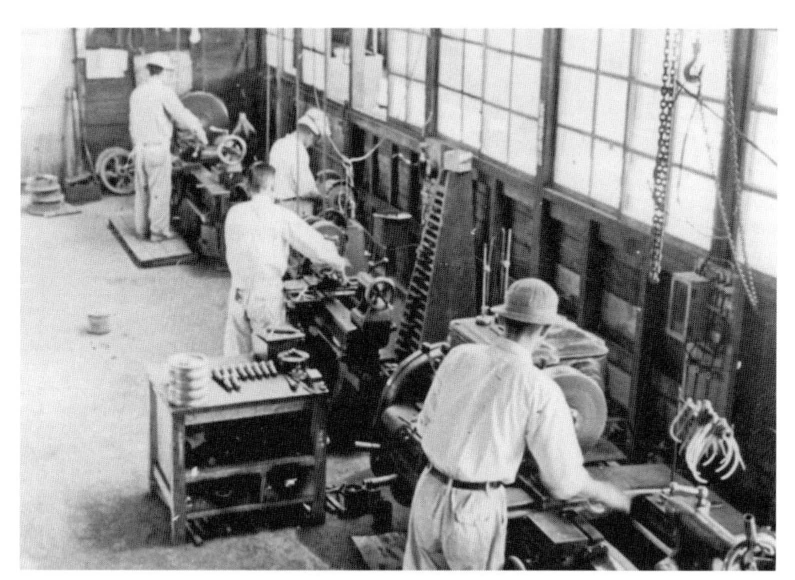

旋盤、ボール盤などの工作機械を使用しパーツの修理

チェンソー、発電機などの小型機械器具の修理

貨車のタイヤ交換などの修理工場

イ、製材工場

製材工場では森林鉄道の枕木や宿舎の新築用材、吊橋用材などの製材を行なった。製材で生ずるバタ材を利用し薪の生産も併せて行なっていた。

製材工場機械配置図

木　工　所

製　材　工　場

1-配電盤・2-抵抗器・3-休憩室・4-器具倉庫・5-電動機（15HP）・6-丸鋸機・7-原木置場・8-鼻切機・9-薪切機・10-精米機・11-便所・12、13-薪置場・14-屑薪箱・15-製品置場 16、17-製品倉庫・18-送材車・19-万力・20-電気ドリル・21-削り台・22-修理台・23-器具押入・24-ガラス切断室・25-1階は部品等保管庫、2階は2部屋に仕切り物資販売所と休憩所

製材工場全景。中央２階の建物は帯鋸や丸鋸などの目立室、一番奥の白い屋根の建屋は１階倉庫、２階は休憩所と物資販売所

バンドソーによる枕木の製材

ウ、森林電話の保守管理

森林電話は、管内全山の業務連絡や森林鉄道運行などの重要な連絡手段であった。

しかし当時の電話施設は丸太の電柱と腕木に碍子(がいし)、裸鉄線を使用した旧式なもので、感度は悪くトラブルは日常茶飯事であった。

その後、昭和39年から電話施設の改修に着手。電柱は古レール２本を抱き合わせて溶接し昇降の足掛けを取り付けたものに建て替えた。腐朽して倒れるような心配はなく、電話工は安全に容易に電柱への昇降が可能となった。従来の裸鉄線は完全に被覆したケーブル線に切り替えたので、感度は極めて良好となりトラブルは大幅に減少し、作業の安全に資すること大であった。

丸太の電柱は腐朽が早く、修理時の昇降が危険だった。
裸鉄線の電話線は感度が悪く腐食も早かった。

エ、島田輸送と椪積作業

各事業現場から森林鉄道で運材されて来た材は、日本農林規格に基づく計量測定（長径級、品等格付）後、椪積する。また、大井川鉄道による島田貯木場への輸送材の選木、貨車積作業も担当した。

長径級、品等などを区分する検知

径級の測定

検知が終わり貨車卸し作業

椪積作業

椪積作業にトラッククレーンなど移動式クレーンの普及していなかった時代に活躍した「固定式ケーブル」クレーン。
貯木場の上空に1本のケーブルを張り上げ材の移動を広範囲にしたことにより、椪積作業の生産性が向上した。

トラッククレーンによる椪積作業

固定式クレーンによる島田貯木場輸送材の貨車積み作業

材の一部は大井川鉄道により新金谷駅へ輸送し、さらに島田貯木場へトラック輸送する。
トラック普及以前の昭和20年代後半までは馬車により輸送した。

(2) 島田貯木場

島田貯木場は、昭和25年に勃発した朝鮮戦争特需を契機に、経済の急成長に伴う木材需要の増大と価額高騰に対応するため、同27年度に島田市横井1-6-1地内に1.62ヘクタールの用地を買収し、同29年度から販売事業を開始した。以後、販売量の増加に伴い施設の整備、拡充を行ない、同44年度までにおける年販売数量は2万～2万6,000立方メートル余に達した。

以後、資源の減少や低質化などによる生産量の漸減に伴い、島田貯木場における販売事業のメリットはなくなった。その結果、同59年度を以て、三十有余年継続した島田貯木場における販売事業は廃止した。

なお、この間、昭和48年2月、隣接地の東海パルプ工場から発生する騒音や塵埃の飛散などの公害を受けることから、東海パルプとの土地交換契約（面積2.43ヘクタール）の締結によって、島田市川原町1032番地へ移転した経緯がある。

東側から見た貯木場。右は東海道本線大井川橋梁　　撮影　昭和27年

東海道本線大井川橋梁から見た島田貯木場。
隣接地は東海パルプのチップ集積場、遠方は焼津市内の高草山

新金谷駅に到着した材はフォークリフトに降ろされる

トレーラーへの積込み

固定式クレーンによるトレーラーへの積込み。遠方の山波は牧之原台地

島田貯木場へ到着したトレーラー

トレーラーから降ろされた材は椪積される。上方は東海道本線大井川橋梁

椪積された木材が並ぶ貯木場構内。遠方は東海パルプ工場

(3)　製品生産事業所

伐採や集造材作業を直営直傭で実行する歴史は古く、昭和11年平の沢（73～76林班）で始めた斫伐事業が最初であった。その後、戦中の軍用材や戦後の復興材、高度経済成長期における木材の需要は年々増加し、国有林としてもこれに応えるため、年々伐採量が増加していった。

現場第一線でこれらの伐採事業を担当するのが製品生産事業所で、伐採量が最大だった昭和44年度は、４つの事業所と伐出請負事業が担当した。

因みに昭和31年度から同58年度の事業所別年度別素材生産量を見ると65頁の別表のとおりである。

大根沢事業所（事業実行期間　昭和31～42年度）201林班内

逆河内事業所（事業実行期間　昭和39～42年度）　144林班内

本谷事業所（事業実行期間
昭和26～43年度）
場所　222林班内

尾崎坂事業所・尾崎坂停車場（事業実行期間　昭和37～38年度）　67林班内

寸又事業所（事業実行期間　昭和43～平成6年度）　小根沢204林班内

長島事業所（事業実行期間　昭和31～36年度）大井川鉄道井川線長島駅上方

大間川事業所（事業実行期間　昭和29～43年度）
大間川支線終点53林班内

○作業員宿舎

現場勤務の作業員は山泊宿舎から伐採などの作業現場へ通った。宿舎の定員は10～20人で炊事手（カシキさん）が1～2人いた。作業休日で山を下りるのは月に1度か2ヶ月に1度、高知県など遠方の出身者は盂蘭盆に一度帰る程度だった。その後、昭和30年後半になると毎週下山になった。宿舎の大半は木造建築であったが、中にはパネルハウスもあった。宿舎に入ると中央に通路（土間）があって、寒いときや濡れた衣服を乾燥するときは通路で裸火を焚いた。その後ドラム缶の薪ストーブへ、さらに灯油ストーブへと替わった。

通路両側の板の間には太藺ゴザが敷いてあり、夜は窓際に丸めてある布団を広げて就寝する。

食事は1日4食、朝食は6時、昼食は10時と午後2時、夕食は6時頃だった。昼の弁当は飯を大きなメンパ（曲げワッパ）の蓋にも詰めた。1日1升飯を喰う、などと言われていたが平均的には8合（約1.4リットル）程度であった。弁当のオカズは干物の開き（サンマ、アジ、サバなど）が1枚と他にコンブ、ゴボウ、ニンジンなどを刻み水煮の大豆と混ぜ合わせ醤油で煮こんだものなどが定番だった。炊事のおばさんは毎朝、各人の風呂敷に飯を詰めたメンパとオカズ箱を包んで準備する。朝のカシキさんは皆を送り出すまで大忙しだった。

現場では昼食になると、焚火でオカズの干物を焼いた。温かい内に食べるので美味しかった。

伐採跡地の畠で無農薬、無肥料で栽培した野菜の味噌汁も美味しかった。

長屋班宿舎（一部2階建）。
場所　大根沢事業所・西俣事業地192林班
撮影　昭和38年

松下唯夫班宿舎
大間川事業所・青薙事業地44林班

松下唯夫班宿舎内部
中央、清水賢一主任

逆河内事業所・白沢事業地
右手前、中野倫平班宿舎（111林班）、中央の盤台は白沢索道上盤台、対岸の伐跡地（112林班）上方の白い建屋は山住啓一班宿舎

撮影　昭和39年

中野倫平班宿舎
場所　111林班

中野班宿舎に山泊する者の名札
白沢索道上盤台へ集材線で入る全幹材の造材、索道の荷掛け作業などに従事する者が山泊している

7　伐木造材

(1) 器具機械

ア、手工具

○　笹歯鋸と改良鋸

昭和10年代後半に入ると笹歯鋸から改良鋸（窓鋸）に切り替え、チェンソーの普及する34年頃まで使用した。鋸歯は３～５枚が一組で、内１枚は縦挽き用、他は横引き用で一組おきにオガクズ排出用の窓がえぐってある。

笹歯鋸

改良鋸（昭和10年代に導入）

○　長柄鋸

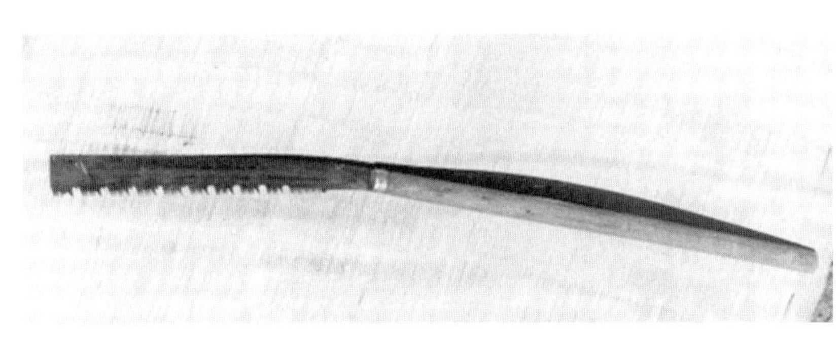

山床における大径伐倒木の造材作業では枝払いや玉切りで材を切り離す瞬間、材の落下や滑落により、逃げ遅れて材の下敷などになる危険がある。
このような恐れのある場合には、材から離れて作業ができる長柄鋸（全長約1.3メートル）を使用する。緊急時に素早く退避ができるので、安全作業に欠かせない道具である。

○　鉈、斧

伐倒造材作業で使用する手工具

左から枝払い斧、受口などを掘る刃広斧、伐倒木に纏わる灌木などを除去する鉈。地方によって各種の器具がある。

イ、チェンソー

昭和32年度に入るとチェンソーの試用が開始された。当初は二人作業で２年間使用した。

地形が急峻で足場の悪い現場での使用は「機体重量があり、移動が容易でない」などと評価が低かった。

しかし、慣れるに従い労働強度は軽減され、手鋸に逆戻りすることは考えられなくなった。

その後、34年度に入るとチェンソーの使用率は50㌫に上昇し、36年度には全面的にチェンソー作業に切り替えられた。当初はツーマンソー（二人作業）で使用していたが、40年度からはワンマンソー（一人作業）に切り替わった。

その後、チェンソーの使用によるレイノー現象の発生が問題となり始めた。そして、チェンソーの使用時間規制やチェンソーの軽量化、低振動化、且つ切削能率の高いチェンソーが開発され、新しい機種に切り替えられていった。（『千頭山小史』70頁参照）

ＣL-11型チェンソー（商品名ラビット）
富士重工業kk製　昭和31年製造
小型軽量のギヤードライブ式
昭和32年度導入

C-151D型チェンソー
（商品名ラビット）
富士重工業kk製　昭和35年製造
国産初のダイレクト式チェンソー、チェンスピードは3倍になり、切削能率が格段に向上すると共に軽量化、低振動化が一段と進んだ。
昭和36年導入

(2) 伐木造材作業

ア、手工具による作業

上西事業開始当時、チェンソーはまだ普及しておらず、伐木造材作業は長い間行なわれてきた手鋸や斧を使用した人力作業であった。加えて地形急峻な天然林の大径木を扱う作業であり、高度な伐木技術が要求された。労働強度も高く、危険性の大きい作業であった。

以下は上西事業地において昭和27～34年に撮影したものである。

斧による根張り切り

改良鋸を使用し根張りの下切り

追口切り　改良鋸使用

斧による枝払い

ミズメ大径木の玉切り　手鋸使用

広葉樹大径木の玉切り。手元に長柄鋸を携帯している

ハリモミ大径材の玉切り　笹歯鋸使用

化粧掛け。造材の手直し作業のことをいい、造材した材の小口の角を削ることを「頭巾（ときん）」という。
これは集運材中に材と材、材と岩石などが衝突し小口が損傷することを防止するためである。
また場合によっては延寸を付けるなどして、材の市場価格の低下を防止する。
集運材が機械化した現在は材の損傷がなくなり行なわれなくなった。

イ、チェンソーによる作業
昭和36年度から全面的にチェンソーが導入される。

天然林大径木（ブナ）の伐倒作業
富士重工業kk製　C-151型チェンソー
ギヤードライブ式（商品名ラビット）

モミ大径木の伐倒　受口斜め切り

大径木（モミ）の伐倒　追口切り

大径木の玉切り

広葉樹（セン）大径材の玉切り　伐木手と検尺手の二人作業
撮影　昭和29年　本谷事業所上西事業地

8　集運材

(1) 集運材用器具機械

ア、手工具

長い間、行なわれてきた人力作業が機械力に変わったからといって、トビやツルの使用なくして荷役作業はできない。

種々の形の「土佐鶴」木回し（通称ガンタ）
これら器具の柄にはカシやミネバリなど
粘りのある折れにくい樹種を使用した。

イ、集材機

戦後間もない昭和21年頃は石井機械製作所や森藤鉄工所（後の森藤機械kk)、協三工業などの機械メーカーが集材機（巻上げ機）の製作を行なっていたが、昭和22年頃になると旧中島飛行機の後身、岩手富士産業kk岩手工場がY型集材機の製作を開始した。そして機体を軽量化し、且つロープスピードのあるY－21型を、続いて改良型のY－22型、同24年にY－23型、改良型のY－23B、同25年にY－24型、大型のY－25型、引き続きY－25型機の巻取り容量を増やした改良型で機体重量1.6ｔのY－25Ｂ型機が製作された。

これらのY型集材機は国有林に大量に導入され、集材作業の機械化による労働災害の減少と生産性向上に大きな効果を発揮した。上西河内の事業開始はちょうどこの頃で、早速、高性能のY型機を導入し、長い間人力で行なってきた集運材作業は機械作業へと大きく転換し、労働強度は著しく軽減し、労働災害の減少と生産性の向上に大きな効果を発揮した。

その後、岩手工場ではY－25Ｂ型機に１胴を加えたY－31、32、33型などの3胴集材機を次々に製作した。そして、これらの３胴集材機の導入と相まって、昭和39年度に入ると全木、全幹集材が導入され、従来行なってきた山床における危険な造材作業は、足場の良い集材盤台で行なえるようになると共に、横取り集材の範囲が拡大し、架線の張替え回数が減り、労働災害の減少と生産性の向上にさらに効果を発揮した。

岩手富士産業kk製　Y－25Ｂ型　昭和29年導入

Ｙ－33型　岩手富士産業kk製
機械式バンド（帯）ブレーキ装備
昭和38年導入

Ｙ－33型　岩手富士産業kk製
油圧式ディスク（円板）ブレーキ
装備　昭和39年導入

ＭＳシリーズ　森藤機械kk製
複胴エンドレスドラム付きエアー式
バンドブレーキ装備　昭和38年導入

Ｙ－52型　岩手富士産業kk製
牽引力５ｔ、エンドレスドラム付複胴、エアー式バンドブレーキ装備
熱帯林大径材の集材用として開発された大型機。
全幹周材の引き上げ用として昭和42年導入

木曾型集材機（御料林32号）
森藤鉄工所（後の森藤機械kk）製
３軸３胴　昭和13年導入
森林鉄道記念碑に陳列
（『千頭山小史』74頁参照）

(2) 集運材作業

ア、サコ出し

伐倒造材後、丸太は林地に散在しているが、これをトビ、ツルなどを用い材の自重を利用し山腹を転動、滑走、落下させ一定の場所に集積する一種の人力集材作業がサコ出しである。

地方によって作業の呼称は、木寄せ・転材・木直し・平落とし・沢下ろし・薮出し・薮抜き・ボサ抜き・狩出し・山落としなどの作業名がある。

人力木寄せ（サコ出し）により窪地に集積された材

サコ出しにより集積する材の滑落防止の「留め」

サコ出しにより、集積した材は集材架線などにより次工程へ運材される。

イ、修羅出し

修羅は丸太材を組んで作り、材木を滑らせる滑走路で、滑路の底が円弧状のものを修羅といい、平坦なものを桟手（さで）と呼んでいる。土修羅は山腹斜面の自然の凹所を利用するか、または人工により簡単な溝を作り材を滑らせる。道修羅は滑路に横木を敷き並べ材の滑走を助けたり、臼場を作り滑走中の材の方向転換をする。その他木材の滑走面に原板（野良板）を用いた野良桟手などがある。上西事業地では専ら丸太を組んだ修羅を用いた。

丸太を弧状に並べて作る修羅

索道盤台に降ろされた材は修羅を滑走し貨車積込み場へ集積される。

左後方にある中継盤台へ集材された材は左の修羅を滑走し、索道盤台に集積される。さらに材は正面遠方の作業軌道積込み場へ索道で運材する。

ウ、木馬運材

木馬（キウマ）は梯子状の橇で材を積載し、人力で引く運材器具である。木馬は古くから用いられている我が国独特の運材方法である。何時頃からか、またどの地方で始められたのか、明らかでないが古い記録では高知県奈半利で長曾我部時代の天正年間（1573～91年）に使用されているが、その普及は恐らく明治に入ってからで、天竜地方では明治22年に龍山村で試みられ、大井川地方では明治35年から行なわれたとの記録がある。上西事業開始当時は、まだ集材機が普及しておらず、サコ出しなどで集積した材は、次工程の集積場まで木馬などで運材した。木馬の積載量は4立方㍍（15石）程度であった。

急勾配を下る場合は小径ワイヤロープの端末を伐根などのアンカーに固定し、一方を前方に突き出して木馬に積載した材に巻き付け、徐々にロープを繰り出しながら制動して下る。

逆に勾配の少ない場所は、盤木に注油し滑りやすくして引く。木馬運材は集運材作業中、最も危険性の大きい作業で、労働災害の発生率が高く、死亡や重傷に至る事例が多かった。幸いにして上西事業地では大きな事故の発生はなかった。木馬運材に従事する者は、若くて、腕力や技能、判断力などの優れた者を選んで従事させた。

窪地に桟橋を架けた木馬道

土佐鶴を使用しての木馬への積込み

木回しやトビなどを使い広葉樹の大径材を木馬へ積込み

木馬を引いて急勾配を下る
伐根に固定した小径ロープを予め突出して積載した丸太に数回巻き付け、ロープを徐々に繰り出しながら制動する。
勾配の緩い場所は、盤木に廃油などを塗布し盤木を滑りやすくする。

木馬から索道磐台への荷降し。本谷事業所上西事業地

エ、集材機集材

①　普通集材

千頭署における昭和20年当初の集材機保有数は３台程度であった。何れも戦前に製造されたもので、現在の集材機に比較し、機体重量やロープスピード、機動性など何れを取っても格段に劣るものであった。

前項で述べたとおり、昭和25年に入ると岩手富士産業kkで高性能のＹ型集材機が製作された。

そして、これらの高性能集材機は上西事業地へも導入され、人力一辺倒だった作業は機械化され、作業の安全と生産性の向上に大きな効果を発揮した。

上西事業地における集材機集運材作業は、伐採地からサコ出しなどによる、集積地点から次工程の作業軌道や索道などの積込み場までの集運材で、架線のスパンは300～500㍍であった。

その後、集材機の改良が進み下西事業地（昭和36～42年度実行）などでは1,200㍍級の長大スパンの集材線が架設されるようになった。

以下の写真は　昭和28～41年に上西（107林班）・黒松（54林班）・下西（84林班）の各事業地で撮影した。

山床に散在している丸太の荷掛け作業
荷掛け手は退避場所で集材機運転手に対し、インターホーンで連絡を取りながらロージングフックを材へ誘導する。
次に退避場所を出てスリングロープをフックに掛け、再び退避場所に戻り、運転手に対し「リフティングライン巻け」の連絡を送る。

材は搬器に向かってゆっくり引き寄せられ林地を離れる。

集材機ドラムのリフティングラインが巻き込まれると材は空中高く、搬器に垂下する。

中継盤台。山床から集材されてきた材は中継盤台で次の架線に架け替えられる。

中継盤台に降ろされる材

ワイヤーロープスプライス工具
ワイヤロープスプライスなどの加工や修理に不可欠な工具である。
左からスパイキ、烏口、スプライス・バイス、ジョーゴ、サーピング用具、ハンマーペンチなど

集材作業における集材機運転手と荷掛け手との連絡に使用する無線機
後に無線電話からさらに工業用テレビに替わる。

②　全幹集材

全幹集材は山床の足場の悪い危険性の高い造材作業を安全な盤台で行なうもので、安全作業は勿論、集約採材、生産性の向上、地拵え経費の軽減などを目的にした集材作業である。

昭和38年度、最初に本谷事業所下西事業地において実行し、その結果を踏まえ39年度から全事業地において導入した。

伐倒木の荷掛け
荷掛け手は伐倒した全幹全木材にスリングロープを掛け、蛇口をロージングフックに掛け退避する。

退避した荷掛け手は運転手へ「リフティングライン巻け」の合図をすると、材は徐々に架線に垂下すると同時に中継盤台へ下りていく。

空中高く搬器に垂下した全幹材は中継盤台や索道上盤台へ向かって走行する。

中継盤台や索道上盤台へ入った全幹材は作業条件の良い盤台上で枝払いなどの造材作業が安全に行なわれる。

造材した材は台車に積み込まれ索道の荷掛け場（右方）へ運ばれる。

オ、インクライン運材

我が国における林業用インクラインの起源は明らかでないが、一種の急勾配軌道であることから、軌道の普及にやや遅れて大正中期から昭和10年代にかけ運材施設として稼動した。

インクラインと言えば一般に軌道インクラインを指すが、他に雪橇インクラインや土橇インクライン、峰越しインクライン、引揚げインクライン、木馬インクライン、4軌条複線式インクラインなどがあり各地で作設された。

上西事業地で作設した軌道インクラインは第二、第一作業軌道を結ぶ運材施設で、その仕様は交送式（交換場所のみ複線）で延長300㍍、傾斜30度であった。

インクラインはその後、簡易索道や巻上げ機などの普及に伴い徐々に衰退していった。

傾斜30度の急勾配に入る。

台車は複線に入り空車とすれ違いをする。

中央の複線で空車とすれ違う台車

複線を通過した台車は作業軌道の終点に向かって急勾配を下っていく。

カ、作業軌道運材

第一作業軌道は天地索道の上盤台から下流は白沢方面へ、上流は103林班方面へ敷設され、その延長は3キロであった。第二作業軌道は、インクラインの積込み場から先山の集積地点まで延長2.2キロであった。さらに奥に手押し軌道や集材線が架設されていた。

道床の桟橋は丸太を利用し、急斜地の高所は２、３段櫓に組み上げた。大径の丸太を使った桟橋や大規模盤台などが作設できる技術者は途絶えた。

作業軌道で稼動した機関車は3.5トン級で、専ら集積地点への空車の引上げであった。

積載の終わった台車は人が搭乗し、手動ブレーキを操作しながら乗り下げるという危険な作業だった。

軌道のゲージは本線と同じ762ミリ、軌条は６キロを使用した。

作設中の西俣作業軌道

レールを敷設が終わり完成した作業軌道

大根沢索道上盤台から西俣作業軌道の遠望　延長350メートル

集材地点へ空車を牽引する3.5トン機関車

盤台に集材された材は架線（機械力）で対岸の作業軌道積込み盤台へ送る。

架線による台車の積込み

本頁６葉の写真　台車への人力積込み作業
大径材の積込み作業は、長い経験と材の動きを瞬時に判断する鋭い勘と同僚との意志疎通が安全作業上欠かせない。

積込みが終了した台車（単車）の荷姿

積みが終わると台車のブレーキ装置などを点検し乗下げが始まる。危険な作業であり、特にカーブは超低速で通過しないと脱線転覆し、材に巻き込まれる恐れが大きい。

長尺材は台車をボギー車にして積み込む。

索道上盤台への台車の乗下げ
点検が終わると作業員は台車に搭乗し、滑車を介してブレーキ棒に堅結びしてあるロープを引き、制動しながら低速度で下っていく。

人力での降ろし作業。ツルの扱い、材の動きなど長い経験がものをいう。

キ、索道運材

戦時中から戦後にかけワイヤロープなどの資材不足により、索道の新設は極度に減少した。

昭和25年頃になると資材が出回るようになり、全国的に索道運材が再開され、上西事業の開始はタイミング良く資材が不足することはなかった。

天地索道は作業軌道で運材してきた材を、さらに森林鉄道端へ運材する施設で、架設場所は下盤台が221林班内の軌道端、上盤台は108、109林班界であった。

索道の仕様は単支間交送式で支間距離1,321メートル、斜距離1,375メートル、高低差383メートルであった。

支間距離は当時、林業用索道として東洋一と言われていた高知営林局管内大杉谷索道を100m上回っていた。天地索道は昭和26年に稼動を開始し、昭和35年の閉山までに6万6,000立方メートルを運材した。

作業軌道により天地索道上盤台へ運材されてきた材は索道へ架けられ軌道端（下盤台）へ

天地索道上盤台の制動装置と主索などのアンカーブロック

荷掛け台（通称バッタン）へ材を転がし込む。

荷掛台へ材が乗る。

材にチェンを掛け、搬器のフックに掛ける。

荷掛け台の固定ロープと制動器を緩めると材の重みで荷掛台は徐々に傾斜し、材は搬器に垂下し走行を始める。

材は空中に垂下し下盤台へ下りていく。

材が下った後の下盤台（軌道）を遠望する。
半世紀以上経過した現在、この附近は雑木が繁茂し視界は全く利かない。
かろうじて残された主索と搬器の残骸、主索のコンクリートアンカーブロックに当時が偲ばれる。
この盤台で汗を流した多くの懐かしい人々と再び顔を会わせることはない。

上盤台から対岸の下盤台（森林鉄道積込み場）の遠望。写真中央の小野は標高802メートル（99林班）。対岸は220、221林班、森林鉄道は対岸の河床近くを走っている。

下盤台へ静かに着地した材は搬器から降ろされ修羅に転がり落ちる。

材は修羅を滑走し、森林鉄道の積込み場へ集積される。

本谷事業所下西索道
昭和36年度架設、多支間連送式
支間距離3,274メートル
場所　上盤台95、下盤台221林班

下西索道の荷掛け場
後方にある造材盤台から索道の荷掛け場へ台車で送られてきた材は索道の搬器に掛けられる。
写真は叩き棒で曳索を緊締するクリップの増締めをしているところ。

制動機
２つのブレーキドラムを有し、索道の全過重を制御する。
荷掛けが終わると、制動機のブレーキが解除され、自重走行を始め材は下盤台へ下っていく。

制動機が開放されると台車が動き出し、材は徐々に台車から離れ主索に垂下して、元柱を通過し下盤台に下っていく。

森林鉄道の軌道端に下西索道の下盤台がある。索道搬器から降ろされた材は貨車積みされ千頭貯木場へ運材される。右から索道下盤台、中央は作業員宿舎、左は資材倉庫。
増水のつど、河床は上昇し索道支柱が洗掘され修理を強いられた。広い河床はすぐ下流にある千頭堰堤の堆砂により、広河原となった。

大根沢索道
多支間連送式、支間距離2,451メートル
上盤台195、下盤台201林班

5号支柱の支持器取付け作業

高さ18メートルの中間支柱

9　森林鉄道

千頭森林鉄道配置図（昭和42年現在）

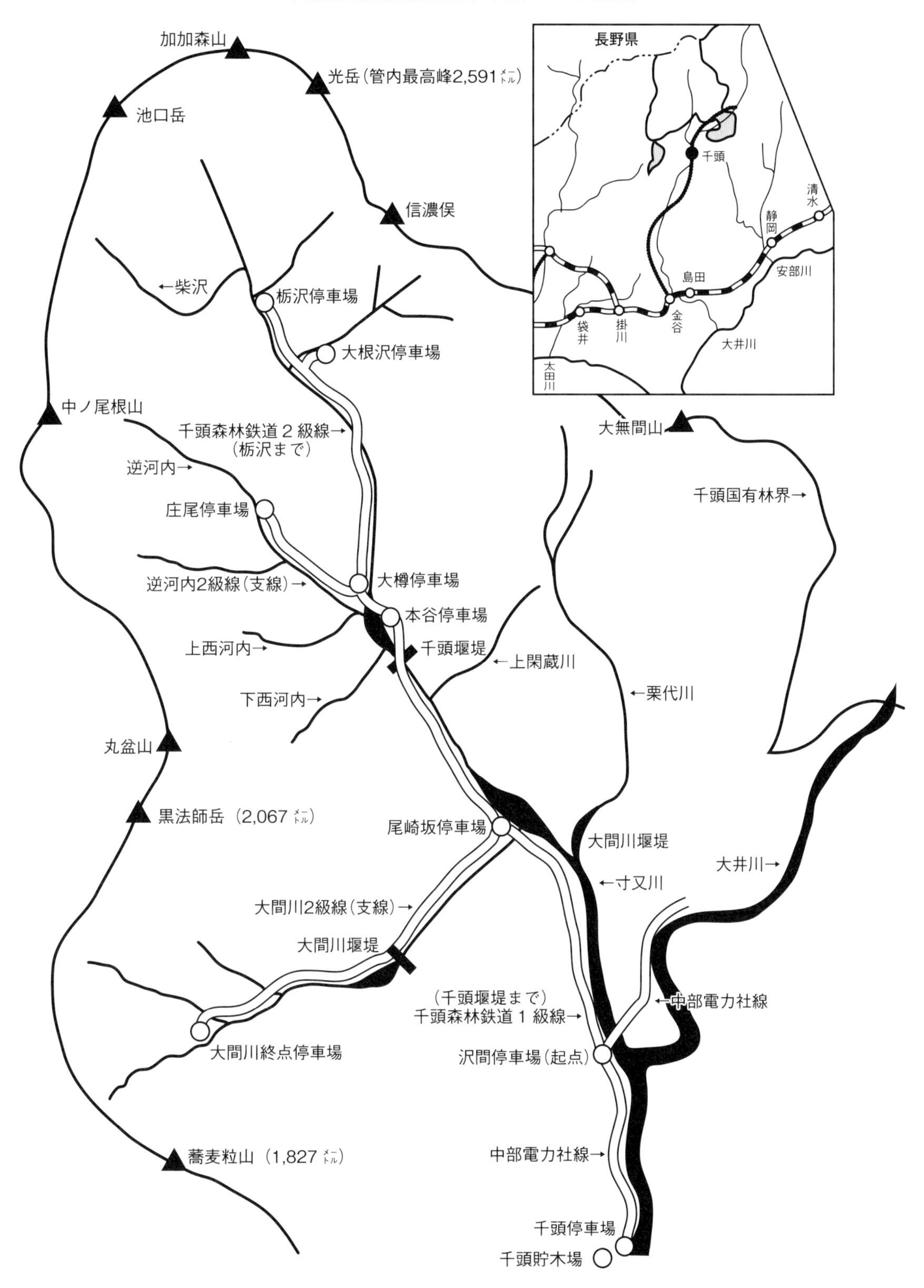

千頭御料林の運材は、以前から水量豊かな寸又川を利用した流送によって行なわれてきた。

その後、昭和に入ると第二富士電力から水力発電所の建設計画が示された。これに対し帝室林野局は発電ダムの建設に伴い流送が不可能になることから、その代償として工事用資材運搬軌道を工事終了後、無償譲渡することを工事着工の条件とし工事が開始された。

その後、工事が終了した昭和13年2月、沢間、千頭堰堤間1万7,418㍍、及び尾崎坂、大間川堰堤間5,953㍍の軌道を電力会社から無償譲渡された。そして帝室林野局は本格的に運搬軌道を主体とした直営直傭による斫伐（しゃくばつ）事業（伐採事業）を開始した。

森林鉄道時代に入ると作業仕組みは根本的に変わった。

森林鉄道は、ただ単に河川に替わって木材を運ぶということではなく、生産期間が大幅に短縮され、材の損傷や流失が減少したことなどにより、有利販売が可能となった。

また、新たに広葉樹の生産も可能となり、経営上極めて大きな効果をもたらした。戦時中の森林鉄道運材は千頭停車場から千頭堰堤まで1日1往復半でその走行距離は70㌔に及んだ。昭和15年に入るとガソリンが不足し機関車はすべて代燃車へと切り替えられた。その結果、馬力不足と取扱いの繁雑さなどから、列車運行に及ぼす影響は大きかった。さらにレールやスパイキ、ページなどの資材不足や保線手の要員不足により満足な保線ができず、脱線は日常茶飯事であった。千頭停車場から千頭堰堤までの23㌔間を4時間半もかかり、朝の暗いうちから夜の帳が降りるまでの作業だった。

戦後、昭和20年代に入ると伐採地の奥地化による集材の複雑化、さらに資材の低質化などにより、大幅な支出超過をきたし、森林鉄道による事業は限界に達しつつあった。その一方で機動性のある自動車運材に切り替えるべく、同20年代から林道の新設工事を積極的に推進した。

そして林道の延長に伴い伐採地は年々林道周辺に移行し森林鉄道の運材量は減少の一途をたどり、自動車運材へと切り替えられていき、森林鉄道は昭和43年度を以てその役割を終えて廃止された。

廃止時点の路線別延長を見ると一級線は20㌔、二級線は24㌔で総延長は44㌔余であった。

また昭和11年に森林鉄道運材を開始してから廃止するまでの43年間における輸送実績を見ると、直営材のみで78万立方㍍余に達した。

昭和11～43年度までの運材量（立方㍍）

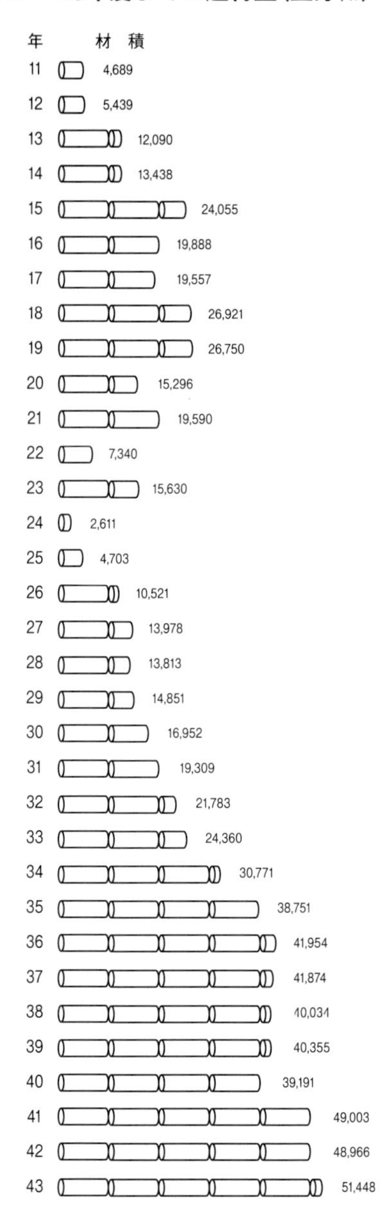

(1) 森林鉄道の敷設

昭和5年10月に入り、寸又川上流の湯山及び大間発電所の建設許可をまって、第二富士電力は軌道敷設工事を開始した。軌道の竣工年月は次のとおりである。

昭和　8年12月　千頭停車場から千頭堰堤まで2万418㍍（内千頭、沢間間は3,000㍍）
　　　9年 5月　尾崎坂から大間川堰堤（8、9の林班界）まで5,953㍍
　　　10年 8月　千頭堰堤から下西河内まで2,600㍍

すでに述べたとおり、昭和11年度に入ると平の沢附近において、初めて直営直傭による斫伐事業を開始し本格的に森林鉄道時代に入った。

別表

事業所別・年度別・素材生産量調べ（単位＝立方メートル）

年度	大間川	寸又第２	本谷	寸又第１	寸　又	長　島	尾崎坂	逆河内	南赤石第２	合地・大間	大根沢	南赤石第１	南赤石	伐出請負	計	摘　　要
昭和31	3,412		15,268			634									19,314	梅地、栗代事業開始（長島製品事業所担当）、昭和26年上西事業開始（本谷製品事業所担当） 昭和29年大間川事業開始（南千頭担当区実行）
32	7,781		11,897			2,109									21,787	大間川製品事業所発足、森林鉄道飛龍橋架替え、チェンソー導入開始（ツーマンソーで使用）
33	8,209		7,204			3,118					5,789				24,320	生産力増強計画実施（５月）、出来高制賃金から日給制賃金に切替え、大根沢事業開始（大根沢製品事業所担当）
34	9,328		10,003			3,185					8,255				30,771	チェンソー使用率50％となる
35	10,555		9,527			10,696					7,973				38,751	上西事業終了（本谷製品事業所担当）
36	11,032		8,084			13,820					9,518				42,454	木材増産計画策定（８月）、関ノ沢他事業終了、37年度から黒松沢へ、下西事業開始（本谷製品事業所担当）、伐造作業全面的にチェンソーへ切り替わる
37	11,168		13,465				8,995				8,246				41,874	黒松沢事業開始（尾崎坂製品事業所担当）
38	11,875		11,355				8,389				8,415				40,034	黒松沢事業終了。39年度から逆河内へ（逆河内製品事業所担当）、全幹集材作業一部導入開始、森林鉄道延長全面停止、南赤石林道新設工事着工
39	13,058		11,734					6,139			9,424				40,355	南赤石事業開始（南赤石第２製品事業所）、全幹集材作業全面導入
40	11,825		10,626					7,698			9,042				39,191	チェンソー使用、ワンマンソーに切替え、木炭生産廃止
41	13,254		7,415					8,625			10,076			9,633	49,003	大根沢事業終了。42年度から南赤石へ（南赤石第１製品事業所）。伐出請負事業五協林業kkと契約、41年度は南赤石、42年度は栗代へ移動、振動障害を職業性疾病に指定
42	10,218		7,408					8,719				15,881		6,740	48,966	逆河内自動車道への改良工事のため43年度から南赤石へ（南赤石第２製品事業所）。本谷（下西・日向）事業終了。43年度から寸又第１製品事業所として寸又川上流事業地へ
43	10,970			8,023					10,418			16,149		5,888	51,448	大間川事業終了。44年度から寸又第２製品事業所として小根沢及び大根沢事業地へ、尾呂久保貯木場開設、森林鉄道廃止（大間支線を除く）、薪生産廃止
44		9,296		11,390					14,257			16,793		6,804	58,540	日給制から出来高制へ切替え、島田貯木場運材トラック輸送に切替え。森林鉄道大間川支線廃止。振動機械使用２時間規制の協約締結
45		13,507		12,459					9,255			16,581		5,020	56,822	南赤石第２事業終了。46年度から大間川製品事業所として大間事業地へ。大間川支線自動車道への改良工事着工、西独スチールチェンソー導入
46		11,162		8,906						7,575			15,920	4,453	48,016	南赤石第１製品事業所から南赤石製品事業所となる、日向林道着工
47		9,218		7,956						6,778			14,469	5,107	43,528	島田貯木場移転、寸又第１、第２統廃合し49年度より寸又製品事業所となる
48		8,808		7,700						7,057			12,244	5,154	40,963	新たな森林施業実施
49					7,874					7,022			11,657	3,598	30,151	各製品事業所の統廃合により３製品事業所体制となる。伐出請負事業が終了し五協林業kk解散、署間配置換え開始
50					9,193					6,758			10,134		26,085	逆河内事業再開（大間製品事業所担当）、署間配置換え積極実施
51					7,768					5,055			10,755		23,578	大間川事業終了し逆河内へ移動、合地山製品事業所となる
52					6,563					6,507			10,031		23,101	基幹作業職員制度発足
53					5,608					7,845			8,808		22,261	国有林野事業改善特別措置法公布。「国有林野事業の改善に関する計画」策定
54					6,248					8,139			6,094		20,481	署間配置換え縮小
55					5,283					8,488			5,733		19,504	
56					5,281					8,527			5,790		19,598	
57					4,847					6,262			4,693		15,802	
58					5,200					6,250			6,250		17,700	寸又左岸林道において廃土作業中死亡災害が発生し（３月25日）、58年度入山約１ヶ月遅延。59年度島田貯木場廃止。平成６年度最後の千頭製品事業所廃止。平成７年度千頭貯木場廃止

森林鉄道はただ単に河川に替わって木材を運ぶということではなく、川狩り（流送）時代における作業仕組みを根本的に変化させた。

即ち、

生産期間を大幅に短縮した。

材木の損傷、流失が減少した。

ことなどにより有利販売が可能になった。また、広葉樹の生産も可能になり、経営上極めて大きな効果をもたらした。

森林鉄道の延長は、前記の水利権代償軌道以外にも戦前、御料林当局は次の路線を敷設した。

昭和16年４月に下西河内附近から栃沢まで２級線9,982メートルの延長に着工し、さらに栃沢から柴沢まで牛馬道8,355メートルを延長した。これらの延長目的は、寸又川上流における木材資源の開発にあった。

工事は名古屋支局が直轄で担当し、千頭周辺の村民による勤労奉仕隊や各地からの徴用者を動員し施工した。工事の竣工は戦後の昭和20年12月であった。

さらに林政統一後の昭和38年度に大間川支線4,547メートル、逆河内支線3,790メートルが竣工した。

やがて、森林鉄道による運材は三十有余年の永きにわたったが、自動車道の開設に伴う生産工程の改善により、森林鉄道は昭和43年４月を以て廃止した。

森林鉄道廃止時の路線別延長を示せば次のとおりである。

中部電力線		千頭～沢間	3,000メートル	（無償使用）
１級線	本線	沢間～下西河内	20,418メートル	（無償譲渡線）
２級線	本線	下西河内～栃沢	12,582メートル	
２級線	支線	逆河内線（樽沢で分岐）	3,790メートル	
２級線	支線	大間川線（尾崎坂で分岐）	10,500メートル	（内5,953メートルは無償譲渡線）

森林鉄道粁程図（きろていず）

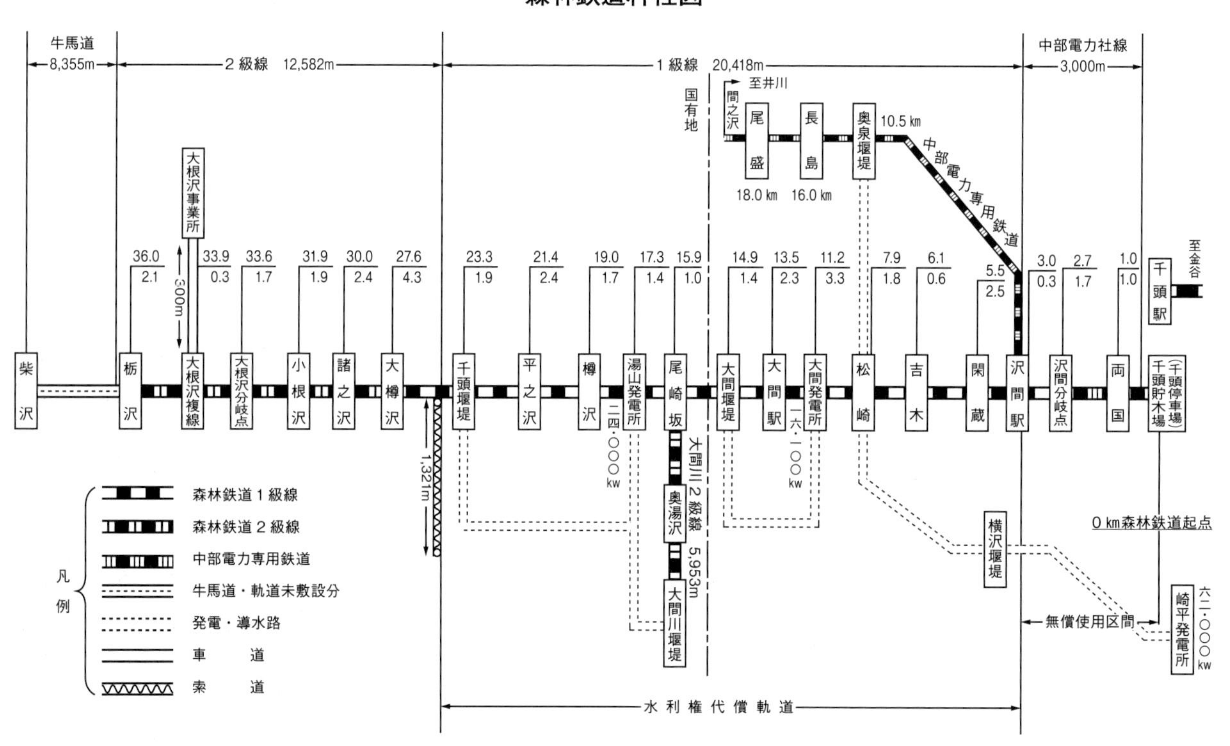

(2) 車輌

ア、機関車

写真左、下左、下右
酒井工作所製　6t
戦後主力機関車として活躍した。

酒井工作所製　5tボギー車
原動機　三菱重工業kk製
40PS　1,300R.P.M
燃料　軽油

3.5ｔB型　酒井工作所製
大根沢事業所西俣作業軌道
右は芹沢昶主任

4.9ｔB型　協三工業製
本谷事業所上西作業軌道

木炭ガス発生装置の構造（御料林106号）
昭和20年初めまで機関車の代用燃料として木炭や薪が使用された。

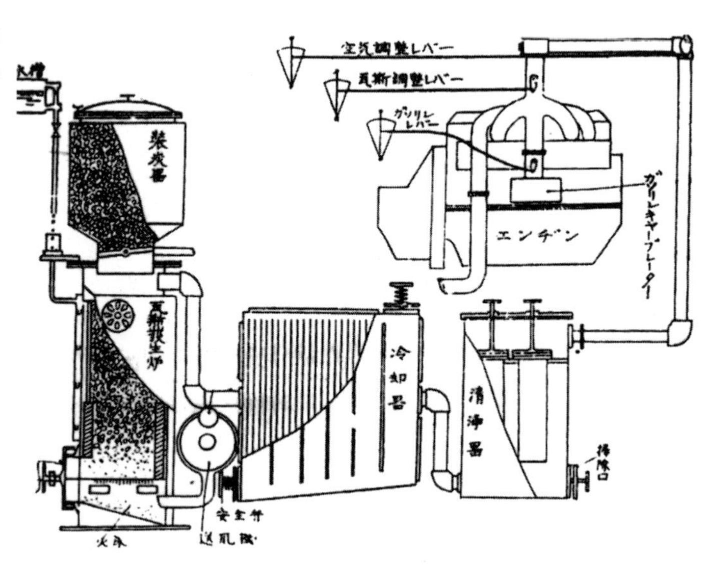

イ、運搬貨車

昭和20年代後半に入ると、それまで使用してきた手動ブレーキの木製貨車に代わって、富士重工業製などのモノコック（張殻構造）貨車が導入された。本機は新三菱重工製のＳＡ型エアーブレーキを装備していた。このエアーブレーキ装置は制動力としてスプリングを用い、圧搾空気はこれを緩解に使用するという構造で、手動ブレーキ併用の貨車であった。

従来、使用してきた手動ブレーキ付き、木製貨車編成の運材列車は、制動手が貨車に乗車し、１人当たり３～４輌の貨車の制動を担当し、下り勾配に差し掛かると、走行中の貨車の上を飛び越えながら、各貨車の手動ブレーキハンドルを締めたり、緩めたりして列車の速度を制御した。走行中に貨車が脱線すると、軌道敷が極めて狭隘であり、脱出場所のない危険な作業であった。

しかし、この危険な制動手の作業もエアーブレーキ貨車の導入により、運転席で操作する１本のブレーキレバーにより、全車輌を容易に制御することが可能となり、列車運行の安全性は格段に向上した。

昭和43年４月の森林鉄道廃止時点におけるモノコック貨車の保有数は500両（単車）ほどであった。

運材貨車
富士重工業kk製
モノコック（張殻構造）式
エアーブレーキ装備

積載したボギー貨車
下部に連結棒とエアーブレーキホースが見える

ウ、動力式運搬車（人員運搬兼連絡車）　通称　モーターカー
定期運行はなく、緊急時や業務上などで必要な場合に運行した。

酒井工作所kk製　定員10人
エンジンは、トヨタ自動車製、水冷78HP
運転席は大村暁一所員

岩崎レール工業kk製　定員5人
エンジンは日本内燃機製、空冷20HP

富士重工業kk製　定員5人
エンジンはニッサン自動車製、空冷25HP

この人員運搬車（モーターカー）は軌道が御料局に譲渡される昭和11年頃まで、第二富士電力が工事現場への来客の送迎や緊急時などに運行していた。
本機は当時、道路を通行していたダットサン乗用車に軌道用車輪を取り付け改造したものである。
大間駅（沢向）付近で撮影したもので運転席にいるのは梅沢富士電力社員

(3) 千頭営林署機械現況表（昭和36年度）

但し、機関車、運搬貨車及び動力式運搬車（人員移動兼連絡車）以外は省略

ア、機関車

管理番号	機体番号	所属所	機体重量(ﾄﾝ)	原動機形式	馬力／回転数 hp/rpm	燃料	製作所	機体製作所	取得価額(円)	取得年月日	備考
1 a -43	DB1	千頭貯木	6	DB7C	90/1600	軽油	三菱重工業KK	酒井工作所	2,650,000	昭和32.03.29	
1 a -09	DB2	千頭貯木	6	DB7C	98/1500	軽油	三菱重工業KK	酒井工作所	2,670,000	昭和32.07.09	
1 a -36	DB3	千頭貯木	6	DB5C	88/1300	軽油	三菱重工業KK	酒井工作所	1,505,345	昭和29.07.05	
1 a -15	DD5	千頭貯木	5	KE5	40/1300	軽油	新三菱重工業KK	酒井工作所	2,804,010	昭和29.01.25	
1 a -08	DB6	大間川事	4.9	DA110	56/1500	軽油	いすず自動車KK	酒井工作所	2,215,000	昭和32.05.31	
1 a -40	DB7	千頭貯木	4.9	KE5	53/1500	軽油	新三菱重工業KK	酒井工作所	1,795,000	昭和31.07.31	
1 a -47	DB8	大根沢事	4.9	DA110	76.5/1800	軽油	いすず自動車KK	酒井工作所	2,150,000	昭和33.10.05	
1 a -20	DB11	大根沢事	3.5	KE21	40/1300	軽油	新三菱重工業KK	酒井工作所	960,000	昭和27.02.29	
1 a -53	DB13	本谷事	4.9	DA120	76.5/1300	軽油	いすず自動車KK	酒井工作所	2,150,000	昭和34.07.27	
1 a -52	DB15	千頭貯木	4.9	DA120	76.5/1800	軽油	いすず自動車KK	酒井工作所	2,159,000	昭和34.08.03	
1 a -42	DB05	工事専用	4.8	KE21	53/1500	軽油	新三菱重工業KK	協三工業	1,795,000	昭和31.06.05	

＊「貯木」は「貯木場」、「事」は「事業所」の略

イ、動力式運搬車（人員運搬兼連絡車）

管理番号	機体番号	所属所	型式	乗車定員	原動機形式	冷却方式	馬力/回転数 hp/rpm	燃　料	製作所	機体製作所	取得年日	取得価額(円)
1 b -06	GM1	大間川事	T3-4N	5	くろがね90度V	空冷	20/3500	揮発油	日本内燃機KK	富士重工業KK	昭和31.05.31	498,000
1 b -25	GM2	本谷事	M	10	トヨタKB	水冷	78/3000	揮発油	トヨタ自動車KK	酒井工作所KK	昭和25.07.15	324,940
1 b -09	GM3	大根沢事	HM-3	8	ダットサンD—10	水冷	10.7/1300	揮発油	日産自動車KK	岩崎レール工業KK	昭和33.10.17	740,000
1 b -13	GM5	千頭貯木	R-101	5	くろがね90度V	空冷	25/3500	揮発油	日本内燃機KK	富士重工業KK	昭和34.12.24	652,500
1 b -14	GM6	林道事	HM-6	5	ダットサンD—10	空冷	25/1000	揮発油	日産自動車KK	岩崎レール工業KK	昭和35.11.17	700,000

＊「貯木」は「貯木場」、「事」は「事業所」の略

ウ、運搬貨車

管理番号	型　式	数量(台)	製　作　所	取得年月日	単価(円)	総取得価額(円)	備　　考
1 c -19	SA（T-6）	30	大宮富士産業KK	昭和27.01.23	160,300	4,809,000	
1 c -17	SA	30	大宮富士産業KK	昭和28.10.05	173,000	5,190,000	
1 c -18	SA	30	大宮富士産業KK	昭和28.10.04	173,000	5,190,000	
1 c -16	SA	12	大宮富士産業KK	昭和29.07.31	175,000	2,100,000	
1 c -32	SA	20	大宮富士産業KK	昭和30.09.30	169,000	2,380,000	
1 c -05	SA	30	富士重工業KK	昭和31.03.16	169,000	5,070,000	
1 c -02	SA	50	富士重工業KK	昭和32.06.17	194,000	9,700,000	
1 c -44	SA	20	富士重工業KK	昭和33.03.24	191,000	3,820,000	
1 c -46	SA	20	富士重工業KK	昭和33.07.30	191,000	3,820,000	
1 c -50	SA	20	富士重工業KK	昭和34.07.07	190,000	3,800,000	
1 c -24	SA	5	大宮富士産業KK	昭和29.03.29	195,000	975,000	昭和35.04.06気田署より管理換え
1 c -22	SA	5	大宮富士産業KK	昭和29.06.07	194,000	970,000	同　上
1 c -55	SA	30	富士重工業KK	昭和35.06.29	190,000	5,700,000	
1 c -21	SA（T-6）	20	富士重工業KK	昭和28.02.24	197,066	3,941,320	昭和35.04.18 水窪署より管理換え
	千頭型	6	千頭営林署	昭和22.04.01	2,633	15,798	千頭4、長島2
	千頭型	20	千頭営林署	昭和25.09.30	35,630	712,600	

	千頭型	11	千頭営林署	昭和27.09.30	21,818	239,998	作業軌道使用大根沢8、千頭2 大間川1
	千頭型	30	千頭営林署				林道所属
	千頭型	8	千頭営林署				箱車（無蓋車）
1 c -37	横転型	2	岩崎レール工業KK	昭和29.09.04	125,000	250,000	専ら骨材運搬用
1 c -36	横転型	1	岩崎レール工業KK	昭和30.03.20	138,000	138,000	専ら骨材運搬用
1 c -45	横転型	1	岩崎レール工業KK	昭和32.08.16	260,000	260,000	専ら骨材運搬用
1 c -54	横転型	4	岩崎レール工業KK	昭和34.07.20	205,000	820,000	専ら骨材運搬用

(4) 貨車積

上西事業地は伐採から最終の椪積作業まで十数工程（17頁参照）もあり、加えて各中継地点の集積場は狭隘で、いずれの工程にトラブルが発生しても、材の流れは止まってしまう。特に貨車積の能率は各工程に及ぼす影響が大きかった。

貨車積の人員配置は機械運転手、荷掛手各一人、積込手二人の四人編成で一日平均30輌（積載量は平均6立方㍍）程度積載した。

大根沢索道下盤台における
貨車積準備
まず連結棒で単車を連結し、
ボギー車にする。
次にテンプをロープで固定する。

架線による貨車積み作業

テンプの回転をロープで固定し安定させる

ケーブルクレーンによる大径材の貨車積み

大径材の貨車積み作業

積込みが終わるとブレーキホースや貨車の連結を行なう。

軌道の側線で待機中の運材貨車

大間川線青薙沢貨車積込み盤台（青薙索道下盤台）　53林班

(5) 森林鉄道の運行　　撮影　昭和38～43年

ア、空車引上げ列車の運行

運行前点検。点検は機体やエンジン（冷却水やオイルなど）、ブレーキ、撒砂などをチエックする。

待機中の機関車

最後尾に連結した客車

発車前、運輸主任からの指示命令を受ける運転手

列車は運輸主任の発車合図により出発する。
空車を引き上げる列車は本谷停車場まで運行する。大間川事業地への空車は尾崎坂停車場で切り離し、大間川事業地への引き上げは大間川配置の機関車が担当する。
本谷停車場から逆川、大根沢事業地へはそれぞれ配車の機関車が担当する。

空車引上げ列車運行系統図（昭和42年現在）

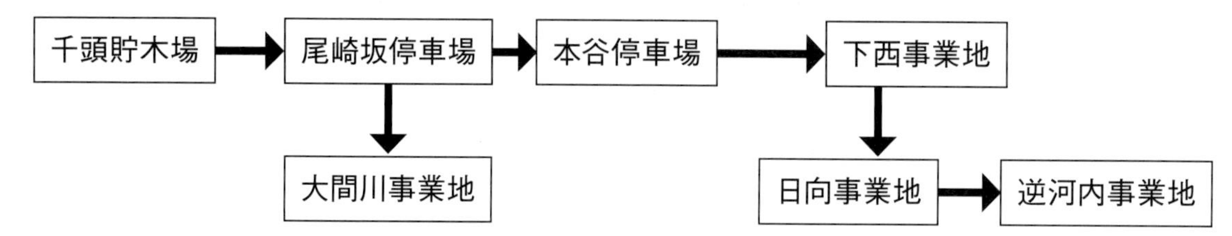

大井川鉄道井川線（注・三軌条線）の「沢間駅」でタブレットを渡し森林鉄道線へ

大井川鉄道井川線から分岐した列車は朝もやを突いて、急勾配の森林鉄道線（ゲージ762ミリ）へ入る。

千頭森林鉄道沢間駅舎
千頭森林鉄道第１番目の沢間駅は大井川鉄道線の運行と密接な関係があり、森林鉄道にとり、正に扇の要の駅であった。
沢間駅長の安竹たまさんは唯一の女姓駅長として、業務を安心して任せられる人であった。

長い空車を連結して事業地へ上る一番列車
安竹たま沢間駅長から発車の指示を受ける運転手

沢間停車場を発車すると間もなく横沢橋梁（左）で、すぐ短い横沢隧道（右）を通過する。

路線点検中の保線手
保線手は軌道上への倒木や土砂礫の崩落、路盤の決壊、軌条の損傷など点検事項は多い。地形が急峻であり一時の油断もできない。

大間発電所を通過すると間もなく寸又川の断崖である。
断崖を抜け大間集落を通過すると、列車は間もなく大間停車場である。

大間停車場。千頭貯木場（千頭停車場）から13.5㌔地点
前方から本谷停車場発の運材列車が入ってくる。

尾崎坂停車場に到着。公用文書などを受領する大間停車場係員

烏帽子隧道を抜けシェルターを通過する。

厳冬期のシェルターは氷結で埋没する。
通行を確保する保線手は氷結の破砕で苦労する。

烏帽子隧道を抜けると前方に落石を発見、
見張りを付けての除去作業

平の沢停車場。千頭貯木場（千頭停車場）から21.4キロ地点を通過すると間もなく本谷停車場だ。

銀世界の本谷停車場へ到着。
空車の切り離し、運材貨車の連結などの作業が控える。

列車編成も終わり、閉塞待機する運転手ら

注：閉塞待機＝線路に二つ以上の列車が同時に入らないように定めた区間

イ、運材列車の運行

運材列車の運行系統図（昭和42年現在）

逆河内事業地 → 下西事業地 → 本谷停車場 → 日向事業地 → 尾崎坂停車場

大間川事業地 → 尾崎坂停車場

尾崎坂停車場 → 千頭貯木場（千頭停車場）

大根沢事業地を発車し出合下流を通過

間もなく橋梁を通過し151林班へ

列車は151林班内を通過

大樽沢橋梁通過、148林班へ

廊下状の狭隘な寸又峡を下る12両連結の列車（220林班）

千頭堰堤のバックウォーターを通過する。水の色は「寸又ブルー」と言われ、他では見ることのできない色である。

「千頭堰堤」の命名者は宮内大臣湯浅倉平で、下左の写真の左端に見える千頭堰堤の標柱も同氏の揮毫である。
氏は昭和10年6月11日に御料林及びダム工事などの視察に訪れている。

千頭堰堤の堤体上に敷設した軌道を走る。

本谷停車場に到着した列車

列車は本谷停車場と土留め石積みの狭隘な場所を擦り抜けて行く

列車から眼下に望む本谷事業所

待避中の、保線手

過去大きな脱線転覆事故のあった72林班の橋梁通過。千頭貯木場（千頭停車場）から22㌔地点

平ノ沢（75林班）の通過　間もなく平ノ沢停車場へ

樽沢停車場72林班通過

烏帽子の絶壁をシェルター
と隧道で通過する。

間もなくメガネ隧道へ

湯山停車場を通過し尾崎坂停車場へ

尾崎坂停車場に到着。左のポイントは大間川線。千頭貯木場（千頭停車場）から15.9㌔地点

尾崎坂停車場を通過し大間ダムを眼下に飛龍橋へ。
左上方の路線は大間川線

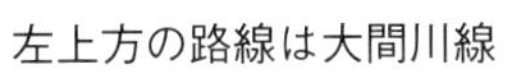

飛龍橋を通過する列車

親不知附近から「夢ノ吊橋」の遠望

列車から大間ダムと飛龍橋を遠望する

大間停車場に到着。千頭貯木場（千頭停車場）まで13.5ｷﾛ。
森林鉄道は住民の足としても利用される。

森林鉄道は子供達が目にする唯一の交通機関であった。十数軒の寒村である
大間集落を通過する。左の二階建ては一久旅館、右は光山荘

軌道の整備作業に従事する保線手

大間集落を通過。軌道がカーブする右横にある観音堂は今もある。

吉木停車場へ入る列車。千頭貯木場（千頭停車場）まで6.1㌔

天然林大径木を12両連結した列車。沢間停車場にて

閉塞待機中の列車（沢間停車場）

沢間停車場発車、大井川鉄道井川線沢間駅へ進入する。

井川線沢間駅を通過すると間もなくゲージ1067ミリの井川線に進入する。森林鉄道のゲージは762ミリであることから三線軌条の路線（沢間、千頭貯木場間3.0キロ）の走行となる。左の路線は井川線、前方は千頭方面

注　井川線は昭和10年、大井川電力が奥泉ダム建設の必要から千頭～奥泉間に軌間762ミリ、延長約10キロの路線を敷設した。
翌年の昭和11年には大井川鉄道との直通運転の必要性から軌間を1067ミリに変更した。そこで森林鉄道と共用する千頭、沢間間の3.0キロ区間を三線軌条区間に改良し、従来どおり森林鉄道廃止時点まで共用路線で運行した。

井川線沢間駅で一旦停車しタブレット受領

井川線両国駅構内に返入

井川線両国駅を通過

両国駅を通過すると左手に水中貯木場が見える。

昭和30年頃までこの水中貯木場で大量の民材が仕分け貨車積みされ大井川鉄道により各地へ輸送された。

列車は両国駅附近の三軌条線を通過し千頭貯木場へ。左の建屋は中部電力千頭電力所、前方右の建屋は千頭木材kk、右上方の山林は八幡山で営林署の所在地である。

列車は大井川河畔で水泳中の学童達を遠望しながら終点の千頭貯木場へ。

三軌条路線（右から二番目は脱線防止軌条）を走行し川根大橋（昭和37年竣工）を通過すると千頭貯木場構内は目前である。

大井川鉄道千頭駅前の主要踏切を通過

タブレットを受ける千頭駅員の待機。運材列車は森林鉄道専用線（ゲージ762ミリ）へ。左側は井川線（ゲージ1067ミリ）

千頭貯木場構内へ進入する列車

列車はさらに貯材場構内へ。

事務所前を通過し貯材場へ。

列車は貯材場へ到着すると次工程の検知や貨車降ろし、椪積、島田貯木場送りの選木などの作業に入る。

10　山泊生活と入下山

(1) 作業員の出身地他

上西事業地に勤務した作業員の出身地は、県内は主として川根筋三町（本川根、中川根、川根）他県は埼玉（秩父）、長野、愛知、岐阜、富山、和歌山、高知などであった。

職種は伐採手や木寄せ手、巻立手、木馬手、炊事手などで、班長や副班長の任命は、これらの職種の中から作業班を統率できる優秀な者を選んで任命した。

(2) 山泊生活

千頭署の事業地は一部を除き自宅からは通勤不可能な距離にあり山泊形態をとっていた。

山泊宿舎の入居人数は１宿舎当たり10～20人程度で炊事手が１～２名いた。山を下りるのは２ヶ月に一度、高知など遠方から入山している作業員は、盆と正月の２回だった。その後、昭和30年代後半に入ると毎週下山になった。

宿舎は、木造波トタン葺が殆どで一部パネルハウスもあった。入口を入ると中央が土間で通路となっていた。宿舎は標高が高いので夏でも雨の日などは気温が低く、また、濡れた衣服を乾燥する場合にも通路で裸火を焚いた。その後ドラム罐で作った薪ストーブに変わった。通路両側の一段高い板の間には藺ゴザが敷き詰めてあり、ガラス窓が付いていた。夜寝るときは窓側に丸めてある布団を通路の方へ引き延ばし窓側を枕にして寝た。ガラス窓の上には日用品を保管する棚がある。間取りは奥の方に食堂や食料品保管庫、衣類等の乾燥部屋、炊事部屋、風呂場などがあった。外には水洗トイレがあって、大小便所が４、５ヶ所並んでいた。水洗トイレといっても、落下物は下方の樋の中を勢いよく水が流れているので、落ちると数十メートル先までサッと流れていき、山腹の地面に浸透してしまう仕掛けである。

照明は石油ランプだったが、後に３kw程度の発電機が備え付けられた。40年代に入るとテレビやガス冷蔵庫、石油ストーブなどが入り、部屋は畳敷きの個室になり、居住性は格段に向上した。山泊生活は快適に過せるようになった。宿舎での晩酌は昔は日本酒オンリーだったが、昭和50年頃になると嗜好が多様化しウィスキー、ワイン、ビール、焼酎など飲むようになった。

食事後は新聞、雑誌、碁、将棋、花札、マージャンなどで過し９時消灯だった。

当時、山泊宿舎で働く作業員の勤務時間は朝の暗いうちから夜の帳が降りるまで、今考えると良くやったものだと思う。氏名は忘れたが富山出身の人だった。夫婦２人で１ヶ月の出来高が桁はずれに多く、その仕事振りはいつも語り草になっていた。食事は１日４度。食事の時間は朝６時、昼10時、午後２時、夕食は７時だった。弁当は大きなメンパ（曲げワッパ）で蓋にも飯を詰めた。

１日１升飯を食うなどと言っていたが、平均的には８合（約1.4リットル）程度ではなかったかと思う。スタンダードのオカズは新聞紙に包んだ干物の開き（サンマ、イワシ、サバなど）が１匹と、他にコンブやゴボウ、ニンジンなどを細かく刻み、大豆と一緒に煮込み、醤油で味つけしたものを炊事のおばさんがアルミの弁当箱に詰め、メンパと一緒に風呂敷に包んで準備した。

山の昼は焚き火で干物を焼き、温かいうちに食べるので美味しかった。また伐採跡地に無肥料、無農薬の野菜を作り味噌汁を作った。昼飯がより美味しく食べられた。

(3) 入下山

山泊期間は４月から12月の９ヶ月間だった。４月（時には３月）の入山時は朝早くから、大きなリュックを背負い手荷物を持った大勢の作業員が貯木場に集まる。

各班それぞれ布団や商店が運んでくる米、味噌、醤油、野菜や１升壜10本入りの木箱などが、大量に貨車積みされる。

作業員は木材を並べた俄か作りのボギー貨車（台車）に乗り込む。事業所主任や補助員、班長、炊事手（通称カシキさん）のおばさんは、てんてこ舞いで駆け回る。正に戦場のようだ。出発準備ができると列車は、次々に山に向かって発車する。すべての列車が発車した後の貯木場は、気が抜けたように閑散となる。

休日などは４事業所が一斉に入下山するので客車が不足し、丸太を敷き並べた俄か作りのボギー貨車を利用した。真夏は直射日光に晒され、隧道の天井から落ちる湧水に濡れながらの入下山だった。

春の入山は大勢の作業員で貯木場は大混雑する。

俄か作りの台車に乗って大間川線青薙事業地への入山。

入下山の台車の上は大賑わいだ。

大間川の出合に架かる夢の吊橋、春の新緑から若葉、青葉、秋は燃えるような紅葉、四季折々寸又渓谷の眺望は一幅の画を展げる趣である。

1ヶ月振りの下山だ。
妻子の待つ我が家へ

小根沢付近を通過する
下山列車

大間停車場。森林鉄道は大間集落の人達にとり買物などで街へ出る足だ。

11　内燃機関車技能講習会

東京営林局管内は中津川森林鉄道を始め世附、千頭、水窪、気田の4路線を運行していた。

当時、営林局は森林鉄道に従事する職員を対象に安全運行を目的とした講習会を計画的に実施した。

講習会場

千頭貯木場内の修理工場における実技講習

講義を受ける受講生

12　千頭森林鉄道廃止式典

帝室林野局名古屋支局千頭出張所が昭和11年、森林鉄道による運材を開始してから三十有余年の月日が流れた。南アルプス南部の峻険な千頭国有林の事業実行に活躍した森林鉄道は、戦時中の軍用材を含め、その輸送量は直営材のみで実に78万立方㍍に達した。その他、治山や林道工事用資材、昭和34年に来襲した伊勢湾台風による柴沢附近の大風倒木の運材、さらには中部電力が施工した寸又川流域のダム工事用資材の運搬、また地域に居住する人々の生活にも直接、間接に大きな役割を果たしてきた。しかし、合理化計画に基づき、昭和43年４月、東京営林局最後の森林鉄道として、大間川製品事業所発の最終運材列車の運行を以て、その姿を永遠に消した。この間、運行に当たって尊い犠牲となった人々に対し衷心より、ご冥福を祈念するものである。時代の流れとはいえ、千頭森林鉄道と共に生きてきた者にとって、言い知れぬ寂寥を覚えずにはいられない。森林鉄道廃止後は自動車道による事業形態へと大きく転換し、さらなる飛躍発展を期待されたが、合理化計画の事業縮減に基づき平成10年度を以て千頭営林署は廃止された（平成13年７月31日付千頭事務所廃止）。さて、森林鉄道の廃止式典を振り返って見よう。式典は天候に恵まれた昭和43年４月５日午前10時、千頭貯木場において、山野に木霊する花火の合図と共に水口勝平事業課長の開会の辞で開始された。当日は近隣市町村長や各種団体、駿遠林業社長伊藤茂吉氏など業界関係者や報道機関、また最終運材列車を見ようと多くの町民や春休み中の小中学生が訪れ、総勢二百余名が森林鉄道との別れを惜しんだ。

この様に多くの人が千頭駅周辺に集まったのは、昭和６年12月１日に行なわれた大井川鉄道全通記念祝賀式に参加した二百余名以来ではないかと思わせた。

式典は開会の辞に引き続き、南三郎千頭営林署長（昭和41年8月16日～43年8月16日服務）の式辞、松岡敏治本川根町長（元笠間営林署長　昭和31年7月16日～32年7月16日服務）の森林鉄道への惜別の挨拶。

さらには駿遠林業伊藤茂吉社長の挨拶、その他多数の来賓挨拶があった。式典が終わると千頭貯木場勤務筒井金一氏の打ち上げる花火の轟音を合図に、松岡敏治本川根町長の音頭による万歳三唱。

そして、運転手殿村信吉氏の運転する満艦飾の最終運材列車は万雷の拍手に迎えられ入構する。

列車はレールを軋ませながらアーチを潜ると同時に薬球が割れ、数十羽の鳩が一斉に日本晴れの大空に飛翔した。すると再度、万雷の拍手と万歳三唱が山野に木霊し式典は終了した。

式典終了後も森林鉄道と別れを惜しむ多くの小中学校の児童や町民などが、機関車や木材列車、アーチなどをバックに記念撮影に余念がない。

千頭森林鉄道廃止式典挙行　於千頭営林署千頭貯木場
式典執行者・南三郎千頭営林署長、司会・水口勝平事業課長

スギの緑の大アーチと薬球

日本晴れに揚がる５色の風船

式典参列者や森林鉄道ファンの小中学生などに迎えられ大径材を積載した最終列車が貯木場構内へ入ってくる。

千頭山のツガなど優良材を積載した最終列車

式典終了後の記念撮影、上段右端は筆者

○記念品の制作

昭和42年末、関係者が集まり森林鉄道廃止式典に配付する記念品の制作について、打合わせを行なった。その結果は実際に使用していたレールを切断して配る、ということになり、私が担当することになった。

私は折角の記念品だから、切りっ放しのレールではあまりにもお粗末だと思い、滝波秀次千頭貯木場主任などと打ち合わせた結果、切断したレールを防錆加工し、さらにレール上面に木材列車を刻した金属板を貼り付け、レールの側面には「昭和44年度　千頭森林鉄道廃止記念　千頭営林署」の文字をアルミ板に印刷し貼り付けるなどし、その加工は静岡市丸子の工場に依頼し、１個600円ほどで800個くらい作ったように記憶している。

私は記念品を制作する前、貯木場のレール置場を見に行った。すると次のような文字の入ったレールがあるのを発見した。
「ＣＡＲＨＥＧＩＥ　ＥＴ－ＵＳＡ－2540」
　もう１本のレールには、
「2540－ＩＬＬＩＮＯＩＳ－ＵＳＡ－Ｓ－ＩＨＭＮ－1919」
　この文字から推定し、1919年にアメリカ中部のイリノイ州で、製造されたレールであることが分かった。
　当時、貯木場には電力会社から無償譲渡されたアメリカの「ブタ」などの会社が製造した機関車が数機種あり、昭和30年代まで稼動していた。
　軌道敷設当時、我が国ではレールの製造技術はなく、イギリスやアメリカ、ドイツなどから輸入していた時代だった。中でもイギリスのレールは世界一優秀だった。
　我が国におけるレールの製造は、昭和５年１月、官営八幡製鉄所で造ったのが始まりだった。
　レールの製造は製鉄技術の結晶とまでいわれている。当時の技術屋さんは、試行錯誤を繰り返し、大変な苦労をしてイギリスに負けない極めて耐久性の高い、しかも折れない世界一のレールを造ったのである。
　森林鉄道のレール敷設を始めたのは、昭和５年であるから当然、国産のレールは間に合わずアメリカ製のレールが使用されたものと推測する。
　このレールの摩耗状況を観察して、カーブに使用していたものと判断した。カーブは列車が通過するたびにタイヤとレールが激しく摩擦し磨耗は顕著である。
　このレールをじっと見つめていると、貨車の騒音やレールの軋む音、森林鉄道から眺める寸又峡谷の新緑や満山の紅葉、氷の氷柱が下がる厳冬期のトンネルなどが脳裏を駆け巡る。
　そして、転落や脱線事故などで亡くなった人々の顔が脳裏に浮かび、遠い昔の過ぎ去った日々が想い出される。
　当時、防錆加工して保存した長さ50㌢ほどのアメリカ製レールは現在、寸又峡にある「南アルプス山岳図書館」に陳列している。

千頭森林鉄道廃止記念品

13　飛龍橋

寸又川に架かる千頭森林鉄道最大の橋梁は銀色に輝く飛龍橋であった。橋梁の仕様は吊橋方式の鉄骨製で、長さが70㍍余、高さは90㍍余で昭和８年に第二冨士電力の手により竣工した。
飛龍橋はその後、大間ダムの堆砂により河床が上がり現在は70㍍余の高さになっているようだ。
両岸の狭まった廊下状の渓谷は、臥して眺めれば千仭の断崖清流、目も眩むようである。
銀色の光を発し寸又渓谷を一気に飛び越える巨大な龍を連想させるような吊橋であった。
『飛龍橋』とはよくぞ命名したものだと感心するばかりである。
飛龍橋の命名者は当時の帝室林野局長官の三矢宮松氏である。

(1) 飛龍橋の架設と架替え

千頭森林鉄道最大の工作物である飛龍橋は昭和８年に竣工した。ワイヤロープを主桁にした吊橋方式による架橋は当時としては珍しいものであった。

飛龍橋は両岸が狭隘で河床からの高さが100㍍以上もあり、ここに橋脚を建てるよりワイヤロープを主桁にしたワンスパンの吊橋方式の方が、技術的にも経済的にも有利であると判断し採用したものであろう。

近年、疑問を感じるような建造物が文化財的価値があるからといって、取り壊し反対の運動が起こるが、飛龍橋の方がはるかに産業遺産としての価値が高かったのではないだろうか。

飛龍橋は昭和８年より、爾来35年の長きにわたり使用してきたが橋の耐久性としては短かったように感じる。これは建設当時ワイヤロープなどの材質、製造技術、品質管理などいずれをとっても、現代とは比較にならない劣悪な時代に製造されたものであること、さらに戦中戦後における発電所やダム工事用資材、軍用材、戦後の復興用材などの大量輸送により、老朽化が早まったものと推測する。

新しい２代目の飛龍橋は、将来木材輸送を森林鉄道から自動車への切替えを前提としたもので、橋梁の構造はアーチ橋とし、昭和32年度に竣工した。

架橋工事中は尾崎坂停車場を少し下った地点から対岸の大間ダム上方へケーブルクレーンを架設し、森林鉄道で搬出してくる木材をクレーンで対岸に待機する貨車に積み替え運材した。

この２代目の飛龍橋（鉄道橋）は昭和44年度（45年３月竣工）に道路橋に改良し、現在に至っている。

昭和８年に架橋した吊橋構造の旧飛龍橋　　撮影　昭和30年

(2) 飛龍橋の命名と銘板の揮毫

飛龍橋の命名者は当時の帝室林野局長官だった三矢宮松氏である。

以下は地元の名士である望月恒一さんから伺った話である。

当時の帝室林野局千頭出張所に明治44年から昭和15年まで勤務した元皇宮警察官だった茂呂惣

吉氏は大変真面目で几帳面の人だったようだ。
近くの掛川市に嫁いだ娘さんが、子供を連れ実家のある千頭に里帰りしているとき、父から『飛龍橋』という名は、父（茂呂さん）の提案が採用され命名されたのだ、と自慢気に語ったという。この話は後日、娘さんが望月恒一さんに直接話したという。
さて、吊橋形式の飛龍橋の銘板は、薄い真鍮板を板金加工したもので、縦１尺５寸（約46㌢）、横４尺（約121㌢）の大きなものである。銘板は２本のメーンロープを支える千頭側の支柱の上部中央に取り付けられていた。この銘板は昭和32年度に新しいアーチ型の飛龍橋を架橋した後は、千頭側の山手上方の岩盤上に放置同然に置かれていた。
その後、私は本局に転勤し、昭和48年に再度勤務したとき、銘板は、以前と同じように岩盤上にあったが、今にも落下しそうな状態だった。そこで千頭貯木場の野島圭次主任に相談し、標示板を作り保存することにした。表示板は丸太を使用し古代仕上げにした立派なものができた（「千頭だより」第103号 昭和49年12年１日発行参照）。現在建っているものは老朽化し、その後、建て替えたものである。

飛龍橋銘板
三矢宮松帝室林野局長官揮毫
撮影　平成18年９月

次は、元東京営林局経営部造林課に勤務していた藤田泰さんの話である。
平成９年９月に林野弘済会が千頭署管内で実施するグリーンサークルツアーの参加募集をしたところ、三谷元長官のご子息の配偶者である三谷迪子様から「義父の揮毫したプレートは是非見たいが、残念ながら足が弱っているので参加できない」という電話があった。後日、グリーンサークルツアーが開催されたとき撮影した銘板の写真を送ったところ大変喜ばれ、その写真をご健在でいる三矢元長官のご息女に見せたところ、ご高齢にもかかわらず寸又峡温泉に１泊の上、父の揮毫したプレートを確認されたとのことである。昭和の初め、三矢元長官がプレートを揮豪してから七十余年の月日が流れた。遠い昔話になってしまった。
次に、元帝室林野局長官三矢宮松氏のエピソードを１つ。
昭和12年頃、栗原彦三郎という方が東京で、日本刀鍛錬伝習所というのを立ち上げ、主宰していた。栗原氏は元来、栃木県の地主である。
日本刀が好きで文献的研究から入って、鍛錬法の研究もしていたが刀匠ではない。
日本刀の趣味を振興した点では、ずいぶん功績のあった人のようだ。
栗原家には、入門したばかりの宮入昭平（本名堅一、大正２年３月生、天性鍛冶が好きで後に人間国宝となる）と、その兄弟子二人がいた。
刀を鍛錬するのはこの二人で、栗原は二人の鍛えたものに最後の焼入れをするだけで、すべて鍛冶名は「昭秀」の銘を切った。しかし、それが栗原の作った刀ということになるのだ。
江戸時代には、自ら作刀に取り組み大名鍛冶と呼ばれたお歴々が少なくない。
その中でも極めつけが、水戸９代藩主徳川斉昭（1800～1860年）だ。斉昭は自分で作刀し銘を切らない代わりに、菊花を思わせる奇妙な紋を彫りつけるのが常だった。
斉昭は大砲なども設計し図面が現存している。多くの大名鍛冶の中には銘を切るだけの大名もいたのではないだろうか。
昭和15年頃になり昭平が鍛えた刀に初めて昭平という銘を切った。そして、これを展覧会に出すと、いきなり総裁賞になった。最優秀賞である。
しかし、昭平の作品は展覧会に出品するもの以外は、皆栗原の銘を切り栗原の作品として世に出された。
前置きが長くなったが、昭平のような地味な生き方をしていても、実のあるものは必ず現れるものである。その頃、帝室林野局長官だった三矢宮松氏、この人は庄内（山形県）の出身で刀剣界の大先達だった人である。
そして、刀剣界の大御所だった本間順治博士が、この道に入った初めは、三矢氏の指導によったと言われている。三矢宮松氏は国文学者三矢重松博士の弟である。
あるとき、三矢氏が栗原彦三郎に「知人の軍刀を頼みたいが、宮入にやらせてほしい」と、はっきりと名指しで頼んだのである。
後に日本の名匠となる人間国宝、宮入昭平の素質を見抜いていたのである。
三矢氏は退官後根津美術館長などを歴任した。

14　森林鉄道記念碑

場所　森林鉄道尾崎坂停車場跡（68林班）昭和44年11月建立

千頭森林鉄道
　　こゝにありき

昭和四十三年四月
　　千頭営林署長

（注　署長　柴田　五郎
　　任在　昭和43年8月16日～昭和46年9月1日）

左から機関車、ＳＡモノコック貨車
（木曾型集材機　御料林32号積載）
最後尾はモーターカー

戦後の主力機関車として活躍した酒井工作所kk製６ｔＢ型

冨士重工業kk製、モーターカー

15　森林鉄道事故

戦前から昭和20年代前半までの軌道整備状況は、資材不足などによって悪化し、且つ橋梁の一部には木橋があった。運材貨車についても手動ブレーキ付きの木製貨車であり、安全作業上の問題は大きかった。

このような状況から、安全対策には万全を期したが、努力の甲斐なく人身事故につながる労働災害が発生した。加えて昭和30年代に入ると生産量の漸増に伴い、列車ダイヤの密度も上昇し事故発生の間接的要因となった。

以下、過去発生した列車事故を抽出し、その概要を記述する。

事故例　1

発生日時　　昭和38年８月７日午前8時30分頃

発生場所　　森林鉄道一級線、千頭停車場より13.5㌔、大間停車場付近

発生状況　　尾崎坂停車場を発車した運材列車と、千頭貯木場を発車したモーターカーが正面衝突し、モーターカーを運転していたＳ主任は腕に重傷を負ったが、他は軽傷であった。

原因対策　　事故原因は駅手の連絡不徹底により、１閉塞区間に２列車を進入させたことであった。

事故防止対策としては復唱や指指し呼称などの徹底を図ることとした。

機関車とモーターカーの正面衝突　　撮影　事故発生直後

事故例　2

発生日時　　昭和39年９月７日午後3時30分頃

発生場所　　森林鉄道一級線、千頭停車場より19㌔付近（78林班ハ小班）

発生状況　　当日は８両連結の運材貨車を本谷停車場から平の沢停車場まで運行する作業であった。

１回目は異状なく運行した。２回目も同様に本谷停車場を発車した。19㌔地点を通過すると間もなく、７両目（ボギー車）の前部単車が脱線した。被災者（7、８両の間に乗車していたと推定）はエアーコックを操作しようとしたが、列車はさらに進み34号橋梁に進入すると、脱線した前部単車の車輪が枕木の間に落ち込み、同時に連結棒（積載時は単車を連結してボギー車にする）が脱落した。そして枕木が抵抗となって前部単車を引き抜き、後部単車に３本の材を残し、被災者は他の７本の材と共に山手（進行右）から、橋梁下へ約13㍍転落、死亡した。

原因対策　　当日、列車運行前の保線手による軌道点検での異状はなかった。

貨車については定期点検を実施しており、事故の点検でも整備不良はなかった。

運転手は有資格者であり、常時運転している区間（勾配1,000ノ19）であり、運転速度の超過は考えられない。脱線の詳細な原因は不明であったが、貨車や軌道の一斉点検を実施した。

運材貨車が脱線転落した橋梁（一級線19㌔地点34号橋梁）の遠望
橋梁上に３本の木材を残し、被災者（助手）は他の７本の木材と共に橋梁下に転落、死亡した。
写真に写るワイヤロープは日向事業地の集材線

運材列車を配置しての安全委員会の事故調査（34号橋梁）

橋梁上で脱線し停車した後部単車と残された
３本の木材、 機関車側（起点側）から撮影

左の状態を後部（終点側）から撮影

事故例　3

発生日時　昭和40年11月26日午前11時05分頃

発生場所　森林鉄道二級線、千頭停車場から28キロ付近

発生状況　当日、10両連結（他に荷物運搬箱車２両連結）の運材列車には、Ｋ運転手とＳ助手及び最後尾の荷物運搬箱車にM助手が乗車し、10時20分大根沢停車場を発車した。途中異状なく走行し、25キロ付近に指しかかったとき、運転手は前方15メートル付近の軌道上へ左斜面から転石の落下を目撃した。とっさにレバーを操作し、急制動をかけると共に撒砂レバーを操作したが、列車は下り勾配（1,000分ノ10）でもあり、停車せず落石に乗り上げ脱線した。同時に進行方向右側斜面へ機関車及び１両目の貨車の前方単車を引き抜き、材と共に斜面を転落し、増水した寸又川に車体を没した。Ｋ運転手と助士席に同乗していたＳ助手は転落時に車外へ放出された。
Ｓ助手は救助され、大間停車場からモーターカーに乗車した医師の診断を受けながら搬送したが、診療所へ到着直後、死亡が確認された。Ｋ運転手は重傷を負ったがその後治癒した。

原因対策　M保線手は軌道巡回で当日、大樽宿舎を７時に出発した。事故現場付近を巡回したのは７時10分頃であった。その時点では法面などに異状はなかった。
受持ち区域の27キロ地点で折り返し、再度現場を巡回通過したが異状は認められなかった。
軌道の状態は新設後、長期間経過しており法面に露出した岩石はあったが、安定しており特に危険な状態ではなかった。
今後の対策として全路線について、法面の一斉点検を実施し、巡回時、法面の安全確認や運転時の前方注視などについて指導を徹底した。

転石に乗り上げ脱線転落し、寸又川に前部を水没させ大破した機関車

寸又川に転落水没した運材貨車と木材の一部

機関車が乗り上げた転石（○内）と残された後部貨車

16　森林鉄道関係規程

(1) 森林鉄道建設規程

昭和28年12月28日
28林野21642
林野庁長官通達
［施行］
昭和29年1月1日

第一章　総　則

（目的）

第一条　この規程は、国有林野事業の森林鉄道（以下単に「森林鉄道」という。）の路線、建造物及び車輌の建設規準を定め、車輌の運転を安全に、且つ迅速に行うことを目的とする。

（森林鉄道の等級）

第二条　森林鉄道は、一級線と二級線の二等級とする。

2　森林鉄道の等級は、林野庁長官の認可を受けて営林局長が定める。

（用語の意味）

第三条　この規程において「列車、停車場及び本線路」とは、森林鉄道保安規程に規定するものをいい、「側線」とは、本路線以外の線路で列車が退避するための線路をいい、車輌の「固定軸距」とは、二本の車輌を取り付けた台車枠の車軸の車軸中心間の水平距離をいう。

第二章　線路及び構造物

第一節　ゲージ、スラック（意味＝ゆるみ）、及びカント

（ゲージ）

第四条　ゲージは直線部においては、軌条頭の内側から内側までの水平距離によりこれを測定し、七六二ミリメートルとする。

（スラック）

第五条　半径一〇〇メートル未満の曲線においては、前条のゲージに相当のスラックを附さなければならない。

2　スラックは、分岐の場合を除き、緩和曲線がある場合はその全長で、その他の場合は円曲線の端から相当の長さで逓減しなければならない。

3　スラックは、最小半径の場合にあっても、二五ミリメートルをこえてはならない。

（公差）

第六条　第四条のゲージ及びスラックの公差は、増五ミリメートル、減三ミリメートル以内に止めなければならない。

（カント）

第七条　本路線の曲線においては、分岐の場合を除き、外側軌条に相当のカントを附さなければならない。

2　カントは、緩和曲線がある場合は、その全長で、その他の場合は曲線部の端から相当の長さで逓減しなければならない。

3　カントは、最小半径の場合にあっても、六〇ミリメートルをこえてはならない。

（軌条頭面の高さ）

第八条　直線部においては、カントの逓減部分を除き、相対する軌条頭面の高さを水平にしなければならない。

第二節　曲　線

（最小曲半径の限度）

第九条　本路線における曲線の半径は、軌道中心部で次の限度を下ることはできない。但し、一級線の分岐点においては二〇メートルまで縮小することができる。

一級線　三〇メートル

二級線　一〇メートル

（緩和曲線）

第十条　一級線の本路線において直線と半径五〇メートル未満の曲線をつなぐ場合には、緩和曲線を入れなければならない。

（反向曲線間の直線）

第十一条　本路線において反対方向の曲線を設ける場合には、緩和曲線のある場合は相対する緩和曲線を直接つなぎ、その他の場合には相対する曲線の間に四メートル以上の直線を入れなければならない。但し、分岐の場合はこの限りでない。

第三節　勾　配

（勾配の限度）

第十二条　本線における勾配は、次の限度をこえてはならない。但し、一〇〇メートル未満の区間に限り、五〇／一〇〇〇、手押車両専用の二級線にあっては五五／一〇〇〇（手押車輛専用の二級線にあっては五五／一〇〇〇）まで急にすることができる。

一級線　四〇／一〇〇〇

二級線　五〇／一〇〇〇

２　停車場における勾配は、五／一〇〇〇より急にしてはならない。但し、列車の編成を解かない停車場では一五／一〇〇〇まで急にすることができる。

（縦曲線）

第十三条　本路線の勾配が変化する箇所であって、勾配の変化が三〇／一〇〇〇以上の場合には相当の縦曲線を入れなければならない。

第四節　建築限界及び車輛限界

（限界図）

第十四条　直線における建築限界及び車輛限界は、次図の寸法によらなければならない。

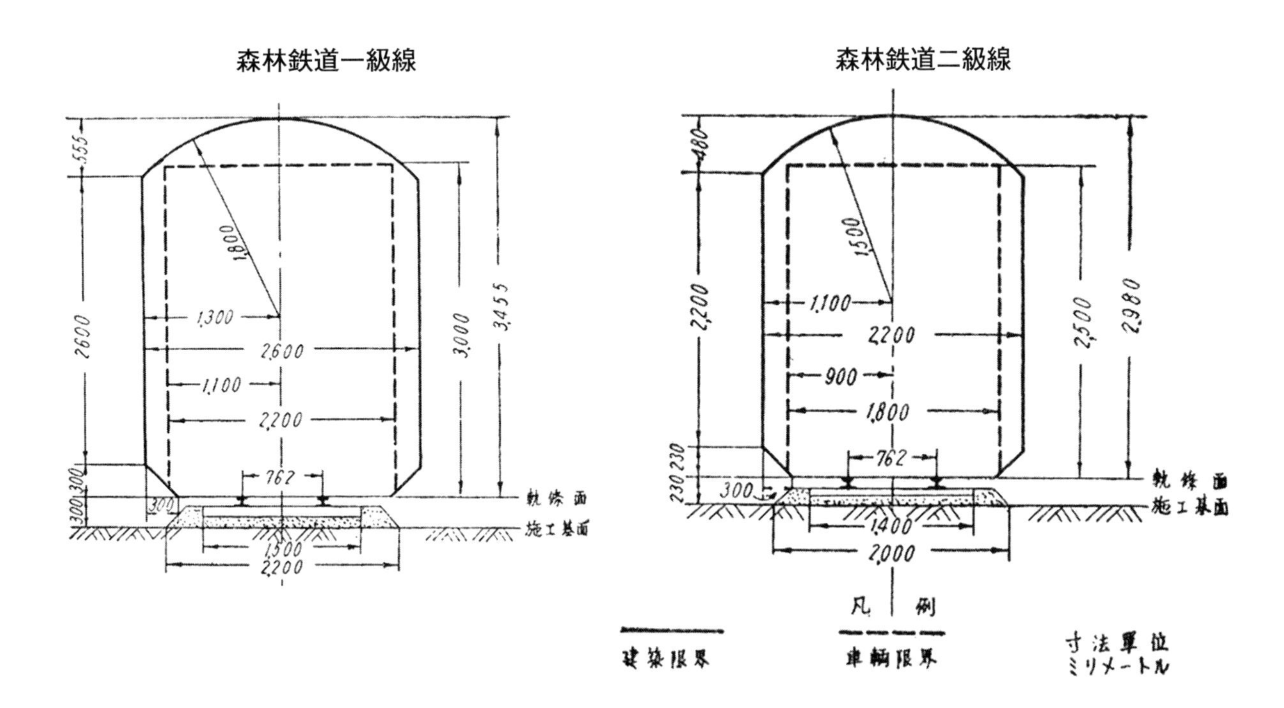

（建築限界と車輛限界の拡大）

第十五条　半径一〇〇メートル未満の曲線における前条の限界は、直線部の限界に次式による拡大寸法を軌道の両側に附したものでなければならない。

W＝500÷R　　W＝拡大寸法（センチメートル）
　　　　　　R＝曲線の半径（メートル）

2　前項の拡大寸法は、緩和曲線がある場合はその全長で、その他の場合は円曲線の端から相当の長さで逓減しなければならない。

第五節　軌　道

（軌道の整正）

第十六条　軌道の水準、高低及び通りは、狂いが生じないように整正しなければならない。

（軌道の負担力）

第十七条　本路線の軌道は、線路等級により次図に定める標準活荷重に耐えるものでなければならない。

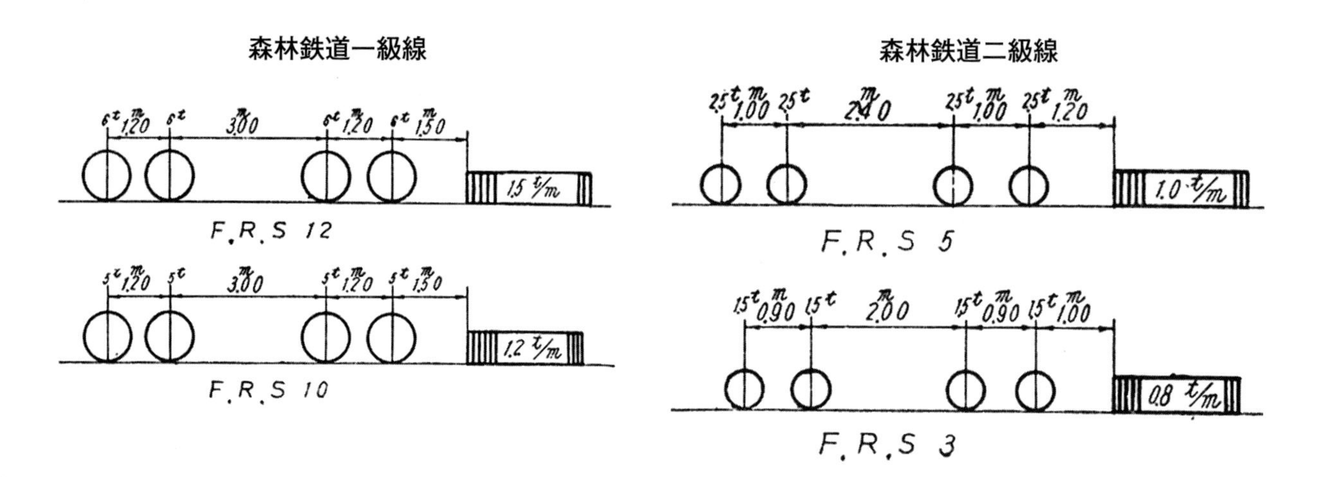

（軌条の太さ）

第十八条　軌条は、次の太さのJ.I.S規格品を使用しなければならない。

一級線　一〇キロ、一二キロ、一五キロ、二二キロ
二級線　手押車両専用線　六キロ
　　　　その他の線　　　九キロ

（道床の厚さ）

第十九条　道床の厚さは、施工基面から枕木下面まで次を寸法を下ってはならない。但し地盤の支持力が大きい個所においては、一級線で七〇ミリメートル、二級線で五〇ミリメートルまで減ずることができる。

一級線　一〇〇ミリメートル
二級線　　七〇ミリメートル

（枕木の寸法）

第二十条　枕木は、次の寸法によるものを使用しなければならない。

等級別	並枕木	橋梁枕木
一級線	150×15×12センチメートル	200×20×18センチメートル
二級線	140×12×9	180×18×15

（枕木の間隔）

第二十一条　本路線における枕木の中心間隔は、六〇センチメートル（橋梁にあっては四五センチメートル）を標準としなければならない。但し、軌条継目部においては五〇センチメートルをこえてはならない。

（軌道中心間隔）

第二十二条　停車場における軌道中心間隔は、次の限度を下ることはできない。

　　一級線　　三〇〇ミリメートル
　　二級線　　　七〇ミリメートル
2　停車場外にあっては、前項の軌道中心間隔は、次の限度をまで縮小することができる。
　　一級線　　二六〇センチメートル
　　二級線　　二二〇センチメートル
3　曲線部における軌道中心間隔は第十五条による拡大寸法を付さなければならない。

第六節　土　工

（施行基面の幅員）
第二十三条　施行基面の幅員は、側溝を除き次の限度を下ることはできない。
　　一級線　　二六〇センチメートル
　　二級線　　二〇〇センチメートル
（築堤の法勾配）
第二十四条　築堤の法勾配は、普通土砂にあっては一割二分を標準としなければならない。但し、この場合は、これを相当緩和するか、又は犬走を設けるかしなければならない。
(1)　法高五メートル以上の個所
(2)　土質地盤軟弱な個所
(3)　積雪地方で雪害のおそれのある個所
2　法尻が水流により洗掘されるおそれがある個所には、適当な法留工を施行しなければならない。
（切取法勾配）
第二十五条　切取の法勾配は、普通土砂にあっては六分、岩石にあっては三分を標準としなければならない。但し、特別な土質、岩質の個所、又は積雪地方で雪害のおそれがある個所においては、これを増減することがができる。
2　法尻には、必要に応じ側溝を設け、法面の崩壊のおそれがある個所には、適当な防護施設をしなければならない。
（石積の法勾配）
第二十六条　石積の法勾配は、三分を標準としなければならない。但し、基礎、法高の状況によりこれを増減する場合には、土圧に対して安全なように施行しなければならない。

第七節　橋　梁

（橋梁の活荷重）
第二十七条　本路線における橋梁の活荷重は、第十七条に定める標準活荷重によらなければならない。
2　前項の標準活荷重には、最高三割の衝撃荷重を加算しなければならない。
（橋梁の死荷重）
第二十八条　橋梁の死荷重は、次の標準により定めなければならない。

材　料	単位重量（kg／㎥）	材　料	単位重量（kg／㎥）
鉄　鋼	七、八五〇	鉄筋コンクリート	二、四〇〇
砂利及び砕石	一、九〇〇	木　材	八〇〇
セメントモルタル	二、〇〇〇	石　材	二、六〇〇
コンクリート	二、二〇〇	土　砂	一、七〇〇

（橋梁の横荷重）
第二十九条　橋梁の横荷重は、次の二つの場合を考慮しなければならない。
(1)　列車が通過しない場合は、構造物の垂直投射面一平方メートルにつき三〇〇キログラム。

(2) 列車が通過する場合は、構造物の垂直投射面一平方メートルにつき二〇〇キログラム、列車における横荷重は長さ一メートルにつき四〇〇キログラムとし、軌条面上一メートルの高さに作用するものとする。この場合の活荷重は、第十七条に規定するものとする。

2　本条の横荷重は、総て移動するものとする。

(橋梁の撓度)

第三十条　本路線における橋梁の撓度は、支間の五百分の一以下でなければならない。

第八節　づい道

(づい道定規)

第三十一条　本路線におけるづい道定規は、次図の寸法を標準としなければならない。

2　づい道の土質、岩盤により、コンクリート巻立の厚さは、加減し又は省略することができる。

3　づい道内部に湧水のある場合は、施工基面の中央に相当の排水路を設けなければならない。

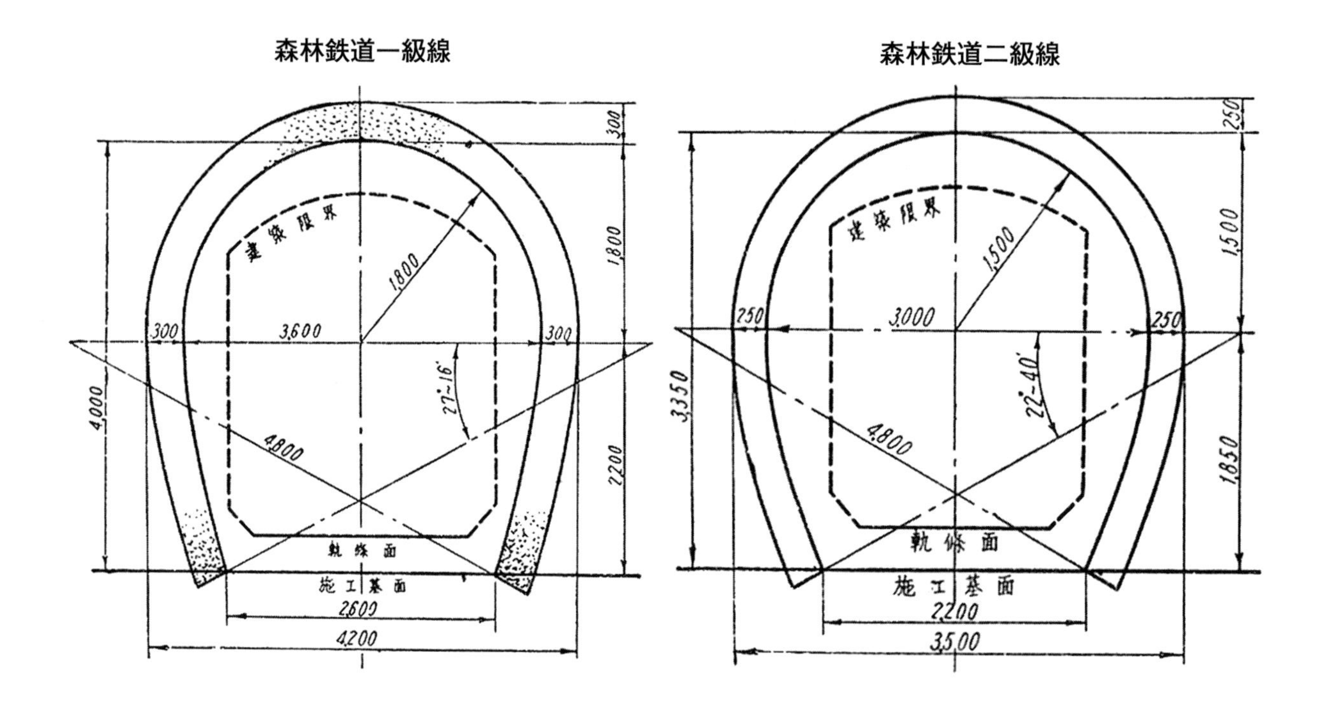

第九節　停車場

(停車場の線路有効長)

第三十二条　停車場における列車の発着する本線の有効長は、次の限度以上でなければならない。

一級線　　一一〇メートル

二級線　　五〇メートル

2　臨時の停車場においては、次の有効長まで短縮することができる。

一級線　　五〇メートル

二級線　　二〇メートル

(積込卸場の離れ)

第三十三条　荷物の積込卸場を設ける場合は、その縁端から軌道中心まで次の寸法をとらなければならない。

一級線　　一、二〇〇ミリメートル

二級線　　一、〇〇〇ミリメートル

(転車設備)

第三十四条　列車が発着する終端駅には、転車設備を設けなければならない。

第十節　分岐及び平面交叉

（本路線の分岐）

第三十五条　本路線から分岐するてつさは、次の規格によらなければならない。

　一級線　　五―六番分岐

　二級線　　四番分岐

（停車場の分岐）

第三十六条　構内の本路線から分岐するてつさは、前条の規格によらなければならない。但し、側線から分岐するてつさは、次の規格まで縮小することができる。

　一級線　　四―五番分岐

　二級線　　三番分岐

（平面交叉）

第三十七条　本線路と平面交叉をなす他の路線がある場合は、その交角は四十五度以上とし必要な保安設備を設けなければならない。

第十一節　保安設備

（車輛の逸走防止）

第三十八条　軌道の終端には、相当の車止装置を設けなければならない。

（車輛の脱線防止）

第三十九条　半径三〇メートル未満の曲線個所、及び橋梁上には、護輪軌条を使用しなければならない。

（踏切設備）

第四十条　交通頻繁な踏切道には、踏切警報器、門ぴ、その他の保安設備を設けなければならない。

（道路又は人家との併行）

第四十一条　人又は牛馬等の踏み入る虞れがある場所には、柵を設けなければならない。

（線路に近接する建築物）

第四十二条　路線に近接する建築物は、列車に対する見透し及び列車からの見透しを妨げないようにして設けなければならない。

第十二節　路線標

第四十三条　線路には、次の標を設けなければならない。

(1) 五〇〇メートル毎にその距離を示す標

(2) 勾配の変化する個所には、その勾配を示す標

(3) 列車の運転上特に注意を要する箇所には、必要に応じこれを示す標

(4) 踏切道には、必要に応じ通行人の注意をひく標

第三章　車　輛

第一節　車輛定規

（車輛限界）

第四十四条　車輛は、車輪を除き、直線軌道上の正位において第十四条に定める車輛限界の外に出るものであってはならない。

第二節　車輛の重量

（機関車の重量）

第四十五条　機関車の重量は、静止の状態において、第十七条に規定する軸重をこえてはならない。

（貨車の重量）
第四十六条　貨物を積載していない場合の貨車の一軸重は、静止の状態において四〇〇キログラムをこえてはならない。
（貨車の積載量）
第四十七条　貨車の積載量は、次の限度をこえてはならない。但し、ボギー貨車においては、これを二倍とする。

一級線	容積一二石	重量	三トン
二級線	〃　一〇石	〃	二・五トン

2　特別な場合は、これを二倍まで増加することができる。
この場合の運転速度は、所定の速度より二割を減じなければならない。

第三節　輪　軸

（輪軸の左右動）
第四十八条　輪軸の左右動は二〇ミリメートルをこえてはならない。
（輪軸の配置及び固定軸距）
第四十九条　輪軸の配置及び固定軸距並びにこれらに関する車両各部の構造は、線路の最小曲線を支障なく通過することができるものであって、次の限度をこえてはならない。

(1) 機関車の固定軸距	一級線	一、四〇〇ミリメートル
	二級線	一、〇〇〇ミリメートル
(2) 貨車の固定軸距		八〇〇ミリメートル

2 車体と固定軸距の比率は、固定軸距が車体全長の三分の一以上とする。

第四節　車　輪

（車輪の直径）
第五十条　車輪の直径は、次の寸法を標準とする。但し、雑用車については、この限りでない。

(1) 機関車	四五七ミリメートル	五一〇ミリメートル
	五六〇ミリメートル	六一〇ミリメートル
	六六〇ミリメートル	七二〇ミリメートル
(2) 貨　車	二三〇ミリメートル	三〇五ミリメートル
	三五七ミリメートル	

（車輪の内側距離）
第五十一条　車輪一対のタイヤー内側距離は、六九五ミリメートル以上七〇二ミリメートル以下でなければならない。
（タイヤーの幅）
第五十二条　タイヤー（タイヤーがない場合はリム）の幅は、九〇ミリメートル以上一二七ミリメートル以下でなければならない。
（フランヂの寸法）
第五十三条　フランヂの高さは、二二ミリメートル以上三〇ミリメートル以下、その厚さは、一六ミリメートル以上としなければならない。
（車輛の摩損した場合）
第五十四条　前二条の規定は、摩損した場合においてもこれを適用しなければならない。

第五節　連結器

（車輛連結装置）
第五十五条　車輛の両端には、確実に連結できる連結器を備えなければならない。
（連結器の高さ）
第五十六条　連結器の高さは、軌条面上次の寸法を標準としなければならない。
(1) 車輪の直径が三〇五ミリメートル以上の場合は、三五〇ミリメートル

(2) 車輪の直径が二三〇ミリメートル以上の場合は、二五〇ミリメートル

第六節　制動機

（ブレーキ装置）

第五十七条　機関車及び所要数の貨車には、ブレーキ装置を備えなければならない。

2　前項の貨車には動力ブレーキ装置を有する場合においても手用ブレーキ装置を備えなければならない。

（ブレーキ率）

第五十八条　制輪子に作用する圧力と車輪のレールに対する圧力との割合は、次の限度によらなければならない。

(1) 機関車は、運転整備重量の一〇〇分の五〇以上一〇〇分の七五以下

(2) 貨車は、第四十五条、第四十六条に定められた重量の一〇〇分の四〇以上一〇〇分の七〇以下

（軌条を圧下するブレーキ率）

第五十九条　制動子でレールを圧下するブレーキにあっては、その圧力は車輪の重量の一〇〇分の六〇以下でなければならない。

（貫通ブレーキ装置）

第六十条　空気の圧力により作用する貫通ブレーキ装置を使用する車輛は、運転室に貫通ブレーキを作動させることのできる装置及びブレーキ管の空気の圧力を示す装置を備えなければならない。

2　貫通ブレーキ装置は、ブレーキ管が切断した場合又はこれに相当する場合において、自動的に作用するものでなければならない。

第七節　車輛の装置

（蒸気機関車の装置）

第六十一条　蒸気機関車には、次の装置を備えなければならない。

(1) 二個以上の独立した給水器
(2) ボイラーの内部の水位を認められる二個以上の独立した水位計
(3) ボイラーの安全弁
(4) 蒸気の圧力を指示する圧力計
(5) 汽笛
(6) 内火室天井板の溶けせん
(7) 火室控えの折損を発見できる知らせ穴
(8) 火粉止及びもえかすの散出を防ぐ装置
(9) 撒砂装置
(10) 速度計
(11) 照明設備

（内燃機関車の装置）

第六十二条　内燃機関車には、次の装置を備えなければならない。

(1) 潤滑油の圧力を示す油圧計
(2) 潤滑油の量を示す油量計
(3) 警笛
(4) 撒砂装置
(5) 速度計
(6) 消火器
(7) 照明設備

（専用客車の装置）

第六十三条　人をのせるための車輛で屋根及び腰板を備えたものは、次に掲げる条件を備えなけれ

ばならない。
(1) 相当の強度を有する車体構造
(2) 一人につき四分の一平方メートル以上の床面積のある車室
(3) 車体の両側に相当の幅を有する乗降口
(4) 相当の広さのある窓
(5) 車体バネ
(6) 手動ブレーキ
(7) 消火器
(8) 機関手又は乗務員に通報することができる装置

第八節　車輛の表記

第六十四条　車輛には、次に掲げる事項を一定の箇所に表記しなければならない。
(1) 車輛の記号番号
(2) 製作年月日
(3) 最近に施工した検査年月日
(4) 専用客車にあっては定員

第四章　雑　則

(細則等)
第六十五条　営林局長は、この規程に定めのない事項及びこの規程の範囲内で制限を加える必要がある場合には、細則を定めることができる。
2　営林局長はこの規程によりがたい特別の事由がある場合には、林野庁長官の許可を受けて別段の定めをすることができる。

附　則

この規程は、昭和二十九年一月一日から施工する。

(2) 森林鉄道保安規程

［昭和28年1月1日施行］

第一章　総　則

(目的)
第一条　この規程は、国有林野事業の森林鉄道（以下単に「森林鉄道」という。）の運転、施設、車輛及び機器に関し、その取扱と使用を規制し、林産物の輸送を安全、正確、且つ迅速に行うことを目的とする。
(用語の意味)
第二条　この規程の用語の意味は、次の通りとする。
(1)「列車」とは、停車場以外の線路を運転する目的で仕立てた車輛をいう。
(2)「停車場」とは、列車を編成し、若しくは車輛の入替をするために設けられた施設、又は列車の行違、若しくは待ち合せをするために設けられた施設をいう。
(3)「本路線」とは、列車の運転に常用する路線をいう。
(4)「閉塞方式」とは、一定の区域に一列車の外、他に列車を同時に運転させないための方式をいう。「閉塞区間」は閉塞方法を施行するために定めた区間をいう。
(5)「標準勾配」とは、隣接する停車場区間に於て任意の五〇〇メートルを隔てた二地点間の平均勾配のうち最悪のものをいう。但し、隣接する停車場間の距離が五〇〇メートルに満たないときは、その区間の平均勾配をいう。

第二章　森林鉄道員

第一節　職　制

（職制の名称）

第三条　森林鉄道員を管理する営林者に次の係員を置く。

運輸主任
停車場手
転てつ手
機関庫長
機関手及び運転手
機関助士及び運転助士
制動手
検車手
保線主任
保線区長
保線手及び線路工夫
踏切番

2　前項の係員は、職務の状況により二以上の係員を兼ねることができる。但し、機関手及び運転手以外の係員は、機関手又は運転手を兼ねてはならない。

（運輸主任の職責）

第四条　運輸主任は、営林署長の命を受け、列車の運転及び輸送並びに車輛の修理及び保管に関する業務をつかさどる。

（停車場手の職責）

第五条　停車場手は、運輸主任の指揮を受け、停車場における列車の運転、保安に関する信号及び通信を行い、停車場構内の清掃及び秩序維持に従事する。

（転てつ手の職務）

第六条　転てつ手は運輸主任の指揮を受け、転てつ器の操作及び信号の現示に従事する。

（機関庫長の職務）

第七条　機関庫長は運輸主任の指揮を受け、機関庫及び機関車の管理に関する業務並びに機関車の運転に関する業務に従事する。

（機関手及び運転手の職責）

第八条　機関手及び運転手は、機関庫長の指揮を受け蒸気機関車庫及び内燃機関車の運転及び整備に従事する。

（機関助手及び運転助手の職責）

第九条　機関助手及び運転助手は、機関手及び運転手の指揮を受け、その業務を補助する。

（制動手の職責）

第十条　制動手は機関手及び運転手の指揮を受け、制動機の操作、貨車及び積荷の点検並びに列車編成等に従事する。

（検車手の職務）

第十一条　検査手は、運輸主任の指揮を受け、貨車の検査、修理及び、注油に従事する。

（保線主任の職務）

第十二条　保線主任は、営林署長の命を受け、線路及び付属構造物の修理及び保存に関する業務をつかさどる。

（保線区長の職責）

第十三条　保線区長は、保線主任の指揮を受け、担当区域の線路及び付属構造物の修理及び保存に従事する。

（保線手及び線路工夫の職責）

第十四条　保線手及び線路工夫は、保線区長の指揮を受け、線路及び付属構造物の修理及び保存に従事する。

（踏切番）

第十五条　踏切番は、保線区長の指揮を受け、踏切道の看守に従事する。

第二節　服　務

（係員の業務）

第十六条　森林鉄道係員（以下単に「係員」という）は、この規程の定めるところにより、輸送保安及び傷害防止のため必要な事項を守らなければならない。

（係員の訓練）

第十七条　係員を監督する職にある者は、係員に対し、その知識及び技能を保有せしめるため適当な訓練をしなければならない。

（係員の考査）

第十八条　営林局長は、係員に対し、その職務を行うのに必要な知識及び技能並びに心身の機能について考査を行わなければならない。

２　営林局長は、機関手及び運転手について前項の考査の規準を定めようとするときは、林野庁長官の認可を受けなければならない。

３　第一項の考査の結果、不適格と認められる係員については、その者を当該業務に就かせてはならない。

（心身異状の場合の処置）

第十九条　係員が心身の状態によって、その知識技能を充分に発揮出来ないと認められるときは、乗務その他直接運転の安全に関係する職務に従事させてはならない。

第三章　施設及び車輛

第一節　施　設

（線路の整備）

第二十条　線路は、所定の速度で列車又は車輛を安全に運転させることができる状態に保持しなければならない。

２　本線路が一時前項の状態でないときは、信号によりその旨を現示し、特に注意を必要とする箇所は、これを監視しなければならない。

（本線路の巡視）

第二十一条　本線路は、毎日少なくとも一回巡視しなければならない。

２　本線路に被害のあるおそれがあるときは、これを監視しなければならない。

（線路の検査）

第二十二条　線路は、一年に少なくとも一回検査しなければならない。

（新設路線の検査）

第二十三条　新設、改良又は大きな修理をした路線及び一時使用を休止した路線は、検査をし、且つ試運転をした後でなければこれを使用してはならない。

（検査の記録）

第二十四条　第二十二条及び第二十三条の規定による検査を行ったときは、その年月日及び成績を記録しなければならない。

（通信施設の整備）

第二十五条　通信設備は、常に通信できる状態に保持しておかなければならない。

（保安装置の整備）

第二十六条　信号装置、転てつ装置及び閉塞装置（以下「保安装置」という。）は、完全な状態に保持しておかなければならない。

（保安装置の検査）

第二十七条　保安装置は、一年にすくなくとも一回検査しなければならない。
2　新設、改造又は修理した保安装置は、検査した後でなければこれを使用してはならない。
（障害物）
第二十八条　建築限界内には物を置いてはならない。但し、一時的な作業に必要な物で列車又は車輌の運転に支障がないときは、この限りでない。
2　建築限界内にくずれてくるおそれのある物は、建築限界外であっても置いてはならない。

第二節　車　輌

（車輌の整備）
第二十九条　車輌は、所定の速度が安全に運転することができる状態のものでなければ、これを使用してはならない。
（新設車輌等の検査）
第三十条　製作し、若しくは購入した車輌、重要な改造をし若しくは修繕をした車輌又は六ヶ月以上使用を休止した車輌は、検査をし、且つ、試運転をした後でなければ、これを使用してはならない。
2　製作若しくは購入し、又はその汽罐に重要な改造をし若しくは修繕をした蒸気機関車は、前項の検査及び試運転の外、水圧試験を併せて行わなければならない。
（車輌の検査）
第三十一条　車輌は、次の各号に定める期間ごとに、少なくとも一回、その要部を解体して全般にわたって検査し、且つ、汽罐にあっては水圧試験をした後試運転をしなければならない。
(1)　蒸気機関車　　三年
(2)　内燃機関車　　二年
(3)　貨　車　　鉄製二年
　　　　　　　木製一年
（蒸気機関車の重要部検査）
第三十二条　蒸気機関車の動力発生装置、弁装置、動力伝達装置、台車、制動装置、バネ装置、連結装置、計器等は、一年に少なくとも一回、その重要部分を分解して検査しなければならない。この場合において汽罐に対しては、水圧試験を併せて行わなければならない。
（蒸気機関車の各部の状態及び作用の検査）
第三十三条　蒸気機関車の火室、火ごうし装置、溶せん、罐内部、煙管、煙室内部、わき路内部、汽筒、注水器内部、安全弁、制動装置等の各部の状態及び作用については、四〇日ごとに少なくとも一回検査しなければならない。
（内燃機関車の重要部検査）
第三十四条　内燃機関車の機関、機関付属装置、動力伝達装置及び制動装置は、六ヶ月ごとに、台車、制動装置、連結装置、計器等は、一年に少なくとも一回その重要部分を分解して検査しなければならない。
（内燃機関車の各部の状態及び作用の検査）
第三十五条　内燃機関車の機関、機関付属装置、動力伝達装置、制動装置、台車、制動装置、連結装置、給油装置、車体、点燈装置等の各部の状態及び作用については、一ヶ月に少なくとも一回検査しなければならない。
（組成車輌の要部の検査）
第三十六条　列車を組成する車輌は、実車運行を終った都度その要部を検査しなければならない。
（水圧試験）
第三十七条　第三十条から第三十二条までの規定による水圧試験は、標準圧力計を使用し、汽罐の最高使用圧力にその三割五分以上を増加した水圧を用い、これを五分時以上持続させて行うものとする。
（消火器の備付）
第三十八条　内燃機関車の運転室及び人員を輸送する専用車には、消火器を備え付けなければならない。
（応急修理器具の備付）
第三十九条　機関車には、運転中に生ずる故障を応急修理するため必要な器具を備えなければならない。
2　機関車及び停車場には、事故の復旧に必要な器具及び材料を常置し、且つこれを整備しておかなければならない。
（車輌検査の標記）
第四十条　第三十一条の規定による検査をしたときは、その年月日を車輌に標記しなければならない。
（検査の記録）
第四十一条　第三十条から第三十七条までの規定によって検査を実行したときは、その年月日及び成績を記録しておかなければならない

第四章　運　転

第一節　列車の組成
（機関車のけん引重量）
第四十二条　機関車のけん引重量は、機関車の整備重量の一〇倍をこえてはならない。
但し、線路の標準勾配が一、〇〇〇分の三〇未満の場合には一五倍までとすることができる。
（列車の制動軸数）
第四十三条　列車には、連結軸数一〇〇に対し、次の表の上欄に掲げる標準勾配の規準に従い、それぞれ相当下欄に掲げる割合以上の制動軸数を備えなければならない。

標　準　勾　配	一、〇〇〇分の四〇以上	一、〇〇〇分の四〇未満
制動軸数の割合	一〇〇	五〇

（列車の制動力の均等）
第四十四条　列車を組成するときは、その全長にわたって制動力がなるべく均等となるよう車輌を配置しなければならない。
（機関車の連結位置）
第四十五条　機関車は、推進運転する場合を除き、列車の最前列に連結しなければならない。
（列車の最後部の車輌）
第四十六条　列車の最後部（推進運転するときは最前部）には、手動制動機を装置してある車輌を連結しなければならない。

第二節　列車の運転
（列車の運転時刻）
第四十七条　列車は、原則として所定の運転時間により運転しなければならない。
（列車の推進運転）
第四十八条　列車は、次の各号の一に該当する場合を除く外、推進運転をしてはならない。
(1)　スイッチバックの箇所を運転するとき。
(2)　停車場内を運転するとき。
(3)　列車又は線路に故障があるとき。
(4)　入換側線のない線路で列車を運転するとき。
(5)　工事列車、救援列車又は排雪列車を運転するとき。
（停車場以外の場所での停車）
第四十九条　列車は停車場又は予め運輸主任の指示した場所以外の場所で停車してはならない。

2　停車場以外の場所で停車したときは、列車の前方及び後方各一五〇メートル以上の距離に停止信号を現示しなければならない。

（暴風時の処置）

第五十条　風速が毎秒三〇メートル以上になったと認められる場合は、列車の運転を一時中止するものとする。

（乗車制限等）

第五十一条　国有林野事業に従事する者の外原則として乗車せしめてはならない。

2　定員を越えて人を乗せ、又は所定の積載量及び車輛限界をこえて荷物を積んではならない。

（運転状況の記録）

第五十二条　運輸主任は、列車を運転した場合には、次の事項を記録しておかなければならない。

（1）　列車の組成

（2）　発着時刻

（3）　輸送物件

（4）　燃料使用量

（5）　事故のあった場合はその内容及び事故発生の理由

（6）　その他必要な事項

第三節　車輛の入換

（入換運転）

第五十三条　車輛の入換は、入換合図によってしなければならない。

（入換の禁止）

第五十四条　隣接の停車場から列車が出発した後は、その閉塞区間内の本路線を使用する入換をしてはならない。但し、第四十九条第二項の停止信号を現示したときはこの限りでない。

（突放の禁止）

第五十五条　車輛は、適度に制動することができる場合の外突放入換をしてはならない。

第四節　転てつ機の定位

（転てつ機の定位）

第五十六条　転てつ機は、次の各号の方向に開通しておく状態を定位とする。

（1）　本路線と本路線とを分岐する転てつ器は、主要な本線路の方向、但し、わたり線の転てつ器は列車の進入する方向。

（2）　本路線と側線路とを分岐する転てつ器は、本路線の方向。

第五節　車輛の留置

（留置車輛の転動防止）

第五十七条　車輛を留置するときは、不測の転動を防止するために必要な手配をしておかなければならない。

（機関車の留置）

第五十八条　機関車を留置するときは、その自動を防止するために必要な手配をして、これを看守しなければならない。

第六節　運転速度

（列車の速度）

第五十九条　列車は、軌条及び車輛の構造により次の平均速度及び最高速度をこえて運転してはならない。

メートル当り軌条重量	単車 平均速度（時速）	単車 最高速度（時速）	ボギー車 平均速度（時速）	ボギー車 最高速度（時速）
九キログラム未満	六キロメートル	一〇キロメートル	八キロメートル	一二キロメートル
九キログラム以上 一二キログラム未満	八キロメートル	一二キロメートル	一二キロメートル	一八キロメートル
一二キログラム以上 一五キログラム未満	一二キロメートル	一八キロメートル	一八キロメートル	二四キロメートル
一五キログラム以上	一八キロメートル	二四キロメートル	二四キロメートル	三六キロメートル

（勾配線の速度制限）
第六十条　下り勾配線を運転する列車は、前条の規定による外、次の表の上欄にかかげる標準勾配の区分に従い、それぞれ相当下欄の最高速度をこえて運転してはならない。

標準勾配	一、〇〇〇分の四〇以上	一、〇〇〇分の三〇以上 一、〇〇〇分の四〇未満	一、〇〇〇分の二〇以上 一、〇〇〇分の三〇未満	一、〇〇〇分の一〇以上 一、〇〇〇分の二〇未満
最高速度（時速）	八キロメートル	一二キロメートル	一八キロメートル	二四キロメートル

（曲線の速度制限）
第六十一条　曲線を通過する列車は、前二条の規定による外、次の表の上欄に掲げる曲線の半径の区分に従い、それぞれ相当下欄の最高速度をこえて運転してはならない。

曲線半径	一〇メートル未満	一〇メートル以上 三〇メートル未満	三〇メートル以上 五〇メートル未満	五〇メートル以上 一〇〇メートル未満
最高速度（時速）	六キロメートル	八キロメートル	一二キロメートル	一八キロメートル

（推進運転、転てつ器通過、入換速度制限）
第六十二条　推進運転をする場合、転てつ器を通過する場合又は車輌の入換をする場合における列車又は車輌の時速は、八キロメートル以下としなければならない。

第五章　閉　塞

第一節　総　則

（閉塞区間）
第六十三条　本路線は、これを閉塞区間に分けて列車を運転しなければならない。但し、次の各号の一に該当する場合はこの限りでない。
(1) 前線を通じ二以上の列車を同時に運転しないとき。
(2) 全線を通じ同時に同一方向の列車のみを運転するとき。
（閉塞区間一列車）
第六十四条　一閉塞区間には二以上の列車を同時に運転してはならない。
(1) 標準勾配一、〇〇〇分の二〇未満で続行列車を運転するとき。
(2) 上り勾配において、空車をもって組成された列車の後方に続行列車を運転するとき。
2　前項但書の規定により続行列車を運転する場合には、先発列車から二〇〇メートル以上の距離をおかなければならない。
（閉塞方式の種類）
第六十五条　閉塞方式は列車の運転状況から勘案して次の各号に掲げる方式の中から営林局長が定めた方式によらなければならない。

(1) 標券閉塞式
(2) 通信式
(3) 指導式
（閉塞の取扱者）
第六十六条　閉塞は停車場手が取扱わなければならない。但し、運輸主任が停車場手以外の者を指示したときは、その者に取扱わせることができる。

第二節　標券閉塞方式

（標券閉塞方式の条件）
第六十七条　標券閉塞式を施行する区間の両端の停車場には専用の電話線及び一箇の通票を備えなければならない。
2　専用の電話線を備えない場合には、閉塞のための通信は他の通信に優先させなければならない。
3　第一項の通票は、隣接する閉塞区間にあっては、その種類を異にしなければならない。
4　閉塞区間の両端の停車場には、通券及び次の表示をすることができる閉塞票を備えなければならない。
(1) 列車閉塞区間になし。
(2) 列車閉塞区間にあり。
（通票又は通券の携帯）
第六十八条　閉塞区間にあっては、当該閉塞区間の通票又は通券を携帯しなければ列車を運転してはならない。
（通券を発行する場合）
第六十九条　通券を発行するのは同一閉塞区間で同一方向の二以上の列車を続いて運転させる場合に限るものとする。
この場合において、先発する列車には通券を携帯させ、最後発の列車には通票を携帯させるものとする。
2　通券には、両端の停車場名、発行年月日及びこれを携帯する列車の番号を記入しなければならない。
（列車の進入承認）
第七十条　閉塞区間に列車を進入させるときは、あらかじめ相手の停車場の承認を受けなければならない。
2　前項の承認は、その閉塞区間に列車又は車輛がないことを確かめた後でなければ、これを与えることはできない。

第三節　通信式

（通信式の条件）
第七十一条　通信式を施行する閉塞区間の両端の停車場には、専用の電話線を備えなければならない。但し、止むを得ない事由がある場合にはこの限りでない。
2　前項但書の場合には第六十七条第二項の規定を準用する。
（準用規定）
第七十二条　通信式を採用する場合に、閉塞の承認については第七十条の規定を準用する。

第四節　指導式

（指導式の条件）
第七十三条　指導式を施行する閉塞区間には、一人の指導者を定めなければならない。
2　指導者には赤色の腕章を着けさせなければならない。
（指導者の同乗）
第七十四条　指導式を施行する閉塞区間にあっては、当該閉塞区間の指導者が同乗しなければ列車を運転してはならない。

第六章　鉄道信号

第一節　総　則

（鉄道信号と運転の関係）

第七十五条　列車又は車輌は、鉄道信号が現示し、又は表示する条件に従って運転しなければならない。

（鉄道信号の種別）

第七十六条　鉄道信号の種別は、次の通りとする。

(1)　信号

信号は、形、色、音等により列車又は車輌に対して一定の区域内を運転するときの条件を現示するものとする。

(2)　合図

合図は、形、色、音等により係員相互間でその相手者に対して合図者の意思を表示するものとする。

(3)　標識

標識は、形、色等により物の位置、方向、又は条件等を表示するものとする。

（現示方式の昼夜別）

第七十七条　鉄道信号は、日出から日没までは昼間の方式により、日没から日出までは夜間の方式によらなければならない。但し、昼間であっても天候の状態その他の事由により夜間の現示の方が昼間の現示よりもよく識別できるときは、夜間の方式によらなければならない。

第二節　信　号

（信号現示の不正確）

第七十八条　信号を現示すべき所定の位置に信号の現示のないとき又はその現示が正確でないときは、列車又は車輌の運転に最大の制限を与える信号の現示があるものとみなされなければならない。

（信号の兼用禁止）

第七十九条　信号は、二以上の線路又は二種以上の目的に兼用してはならない。

（常置信号機の設置）

第八十条　常置信号機は、列車の運転回数が多く、且つ、停車場内の見透しの悪い停車場入口附近に常置して停車場に進入する列車に対し信号を現示する。

（常置信号の信号現示）

第八十一条　常置信号機による信号現示は、腕木又は色燈を用い、次の方式によらなければならない。

方式 / 信号の種類	色燈式〈昼間 夜間	腕木式	
		夜間	昼間
停止信号	赤色燈	腕木水平	赤色燈
進行信号	緑色燈	胸木左下向四五度	緑色燈

（常置信号機の腕木）

第八十二条　常置信号機の腕木は、長方形とし、表面は赤色、背面は白色としなければならない。

（常置信号機の定位）

第八十三条　常置信号機は、停止信号の現示を定位としなければならない。

（臨時信号機の意義）

第八十四条　臨時信号機は、線路の故障その他の事由により列車又は車輛が所定の速度で運転することができないときに臨時に設けて信号を現示するものとする。
（臨時信号機の形式、現示方式）
第八十五条　臨時信号機による信号現示は、色円板又は色燈を用い、次の方式によらなければならない。

昼夜の別 / 信号の種類	昼　　間	夜　　間
信　号　停　止	赤　色　円　板	赤　色　燈
徐　行　信　号	黄　色　円　板	黄　色　燈
進　行　信　号	緑　色　円　板	緑　色　燈

2　円板の背面は、白色とする。但し、黄色円板の背面を緑色とし、反対方面の信号を現示することができる。
（手信号を使用する場合）
第八十六条　手信号は、信号機を使用することができないときに旗又は燈により行うものとする。
（手信号の現示方式）
第八十七条　手信号の現示方式
手信号による信号現示は、緑色旗及び赤色旗又は緑色燈及び赤色燈を用い、次の方式によらなければならない。

昼夜の別 / 信号の種類	昼　　間	夜　　間
停　止　信　号	赤色旗、但し、赤色旗がないときは両腕を高く上げるか又は緑色旗以外の物を激しく振ってこれにかえることができる。	赤色燈、但し、赤色燈がないときは緑色燈を激しく振ってこれにかえることができる。
徐　行　信　号	赤色旗及び緑色旗を絞って手に持ったまま頭上に高く交さする。但し、旗がないときは、両腕を左右に延ばした後ゆるやかに上下に動かしてこれにかえることができる。	明滅する緑色燈
進　行　信　号	緑色旗、但し、緑色旗がないときは片腕を高くあげてこれにかえることができる。	緑色燈

（特殊信号を信用する場合）
第八十八条　特殊信号は、予期しない箇所で特に列車を停止させる必要が生じたとき又は天候の状態その他の事由により信号の現示を識別することができないときに音又は炎により行うものとする。

（特殊信号の種類、現示方式）
第八十九条　特殊信号の種類は、発雷信号及び発煙信号とし、その信号現示は次の方式による。

信号の種類	発雷信号	発煙信号
停止信号	信号雷管の爆音	信号煙管の赤色火炎

第三節　合　図

（制動手の長が機関手又は運転手に行う合図）

第九十条　列車に乗務する制動手の長がその列車の機関手又は運転手に行う合図は、次の方式によらなければならない。

昼夜の別／合図の種類	昼間	夜間
出発合図	片腕を高くあげ、必要に応じて同時に手笛を長声に吹く。	手笛を長声に吹き緑色燈を高くあげて円形に動かす。
停止又は非常合図	赤色旗を左右に激しく振るとともに手笛を短急に数声吹く。	赤色燈を左右に激しく振るとともに手笛を短急に吹く。

（汽笛合図）

第九十一条　機関車の行う汽笛合図は、次の方式によらなければならない。

(1)　運転を始めるときその他注意をうながすとき。　適度汽笛　一声
(2)　列車の接近を知らせるとき。　長緩汽笛　一声
(3)　制動機の緊締を求めるとき。　短急汽笛　三声
(4)　制動機の緩解を求めるとき。　適度汽笛　二声
(5)　保線係員を招集するとき。　長緩汽笛　数声
(6)　危険を警告するとき。　短急汽笛　数声

（入換合図）

第九十二条　車輛の入換をするときに行う入換合図は、緑色旗及び赤色旗を用い、次の方式によらなければならない。

昼夜の別／合図の種類	昼間	夜間
合図の方へ来たれ	緑色旗を左右に動かす。但し、緑色旗がないときは片腕を左右に動かしてこれにかえることができる。	緑色燈を左右に動かす。
合図者から去れ	緑色旗を上下に動かす。但し、緑色旗がないときは片腕を上下に動かしてこれにかえることができる。	緑色燈を上下に動かす。
速度を節制せよ	上下又は左右に動かしている緑色旗を大きく上下に一回動かす。但し、緑色旗がないときは上下又は左右に動かしている片腕を大きく上下に一回動かしてこれにかえることができる。	上下又は左右に動かしている緑色燈を大きく上下に一回動かす。
僅少の進退をせよ	赤色旗を絞って片腕に持ったままこれを頭上に動かしつつ「合図者の方へ来たれ」又は「合図者から去れ」の合図をする。	赤色燈を上下に動かした後「合図者の方へ来たれ」又は「合図者から去れ」の合図をする。
停止せよ	赤色旗を表示する。但し、赤色旗がないときは両腕を高くあげてこれにかえることができる。	赤色燈を表示する。

第四節　標　識

（列車標識）

第九十三条　列車には、夜間次の方式の列車標識を掲示しなければならない。

	列　車　標　識
前　部　標　識	列車前面に白色燈一個
後　部　標　識	最後部の車輛に赤色燈一個

（続行運転を行う場合の列車標識）
第九十四条　続行運転を行う列車には、次の方式の前部標識を掲出しなければならない。

昼夜の別／列車種別	昼　間	夜　間
最後発以外の列車	赤色円板一箇	白色燈及び赤色燈各一箇
最後発の列車	白色円板一箇	白色燈一箇

第七章　運転事故

（報告）
第九十五条　営林署長は、次の各号に掲げる事故が発生したときは、別に定めるところにより、その旨を営林局長に報告しなければならない。但し、第二号及び第三号に掲げる事故であって軽微のものについてはこの限りでない。
(1) 列車又は車輛の運転に関連して人に死傷を生じたとき。
(2) 列車又は車輛の運転に関連して施設又は車輛に損傷を生じ、又は火災を生じたとき。
(3) 列車の運行の安全が阻害されたとき。
2　営林局長は、前項の報告を受けたときは、その原因を調査し、事故の概要及びその原因を林野庁長官に報告しなければならない。

第八章　雑　則

（細則等）
第九十六条　営林局長はこの規定に定めない事項及びこの規定の範囲内で制限を加える必要のある場合には、細則を定めることができる。
2　営林局長は、特別の事由がある場合には、林野庁長官の許可を受けてこの規程によらない旨を定めることができる。
附　則
この規定は昭和二十八年一月一日から施行する。

(3) 千頭森林鉄道運転規則

（目的）
第一条　この規則は森林鉄道保安規程（以下、「規程」という。）にもとづき、千頭森林鉄道の運転上必要な細部事項を定め、もって安全かつ確実な運転の確保をはかることを目的とする。
（用語の意味）
第二条　この規則で特に定めるもののほか、用語の意味は規程の定めるところによる。
（運輸主任及び分任運輸主任）
第三条　運輸主任は千頭貯木場主任の職にあるものがこれにあたるものとする。
2　運輸主任の職務のうち、各製品事業所において行なうことが適当と認められるものについては製品事業所の主任を分任運輸主任としてこれにあたらせるものとする。

3　分任運輸主任はその分掌する職務に関しては規程及びこの規則の運輸主任についての規定を準用する。
4　分任運輸主任間の職務分担その他の調整に関する事項は運輸主任が行なう。
（保線主任）
第四条　保線主任は千頭林道事業所主任の職にあるものがこれにあたるものとする。
（停車場）
第五条　停車場は次のとおりとする。

本支線別	停　車　場　名	起点からの距離
本　線	千　頭　貯　木　場 （千頭停車場）	
	沢　間　停　車　場	0km
	吉　木　停　車　場	3.1km
	松　崎　停　車　場	4.8km
	本　沢　停　車　場	6.0km
	赤　石　停　車　場	8.0km
	大　間　停　車　場	10.5km
	尾 崎 坂 停　車　場	12.9km
	湯　山　停　車　場	14.2km
	樽　沢　停　車　場	16.0km
	平 の 沢 停　車　場	17.2km
	本　谷　停　車　場	19.8km
	大　樽　停　車　場	24.5km
	小 根 沢 停　車　場	28.5km
	大 根 沢 停　車　場	30.8km
	栃　沢　停　車　場	32.2km
大間川支線	奥 湯 沢 停　車　場	3.0km（起点尾崎坂停車場）
	ブ ナ ゾ レ 停 車 場	4.5km
	金　成　停　車　場	5.9km
	黒 松 沢 停　車　場	7.7km
	青　薙　停　車　場	8.8km
	大間川線終点停車場	10.4km
逆河内支線	庄 ノ 尾 停　車　場	1.4km（起点大樽停車場）
	逆 河 内 停　車　場	2.5km
	逆 河 内 終点停車場	3.8km

2　前項の停車場のほか、森林鉄道の途中で積込を行なう場合等には臨時に停車場を設けることができる。

（停車場手）
第六条　停車場手は次の各停車場に置きその担当閉塞区間はそれぞれ各号に定めるところによる。
千 頭　停車場　　千頭から沢間まで
沢 間　停車場　　沢間から大間まで
大 間　停車場　　沢間から本谷まで
尾崎坂 停車場　　大間から本谷まで及び尾崎坂から青薙まで
本 谷　停車場　　尾崎坂から大根沢まで及び大樽から逆河内まで
大根沢 停車場　　本谷から大根沢まで
青 薙　停車場　　大間川支線の全線
逆河内 停車場　　逆河内支線の全線
2　停車場手が配置されていない場合又は停車場手に事故ある場合には、運輸主任は適格者のなかから臨時に停車場手の職務にあたる者を指名しなければならない。
3　停車場手としての勤務命令又は辞令書を受けている者（以下「正規職務者」という。）又は前項の規定により臨時に職務にあたる者以外は停車場手の職務を行なってはならない。
（乗務員）
第七条　列車は運転手、助手及び制動手が各一名乗務しなければ運転できない。但し、運輸主任がやむを得ないと認めた場合には助手と制動手を兼ねて乗務させることができる。
2　運転手は機械運転者認定証（機関車一種）を有する者（以下「有資格者」という。）でなければならない。
但し、運輸主任が必要やむを得ないものと認めた場合には有資格者であって二年以上運転手の正規職務者であった者、又は有資格者であって助手若しくは制動手の正規職務者である者を特に指名してあたらせることができる。
3　助手及び制動手は助手又は制動手の正規職務者をあてなければならない。但し、運輸主任が必要やむを得ないものと認めた場合には助手又は制動手のうちいずれか一方を正規職務者以外の者で、適格者と認める者に代えることができる。
4　前三項の規定にかかわらず自動トロリーは原則として運転手一名によって運転するものとし、運転手は有資格者（機械運転者認定証「機関車二種」を有する者を含む。以下本項及び第五項において同じ）であって、次の各号に該当する者をあてなければならない。
(1) 有資格者となってから満二年を経過した者。
(2) 運転手、助手又は制動手の正規職務者である者、又は過去において一年以上これらの正規職務者であった者。
(3) 運転する路線を自動トロリーに便乗して三十回以上往復しており、且つ、有資格者となってから満一年を経過した者。
5　災害その他緊急やむを得ない事情がある場合において、運輸主任が認めたときは前項の規定にかかわらず有資格者であって前項の資格のない者を自動トロリーの運転手にあてることができる。
6　自動トロリーの運転手は運輸主任が認めた場合のほか、自動トロリーに同乗する者に助手の職務を行なわせてはならない。
（乗務員の配置）
第八条　列車を運転する場合には助手又は制動手のうち一名は列車の最後尾にあって非常の場合の急制動が直ちに行なえるようにしなければならない。
（閉塞方式）
第九条　閉塞方式は通信式とする。但し、千頭停車場と沢間停車場の間は大井川鉄道の方式による。
（閉塞区間）
第十条　閉塞区間は各停車場（臨時停車場を設ける場合にあってはこれを含む。以下同じ）の間とする。
（閉塞の方法）
第十一条　運転手は列車を閉塞区間に進入させようとするときは自ら又は助手に命じて停車場手の

許可を受けなければならない。

2　前項の許可は停車場手の置かれている停車場にあってはその停車場手が与え、停車場手の置かれていない停車場にあっては進行する方向の停車場手が与えるものとする。

3　停車場手は第一項の許可を与えようとするときはその閉塞区間に列車を進入させることができることを確認しなければならない。

4　第一項の許可又は不許可の指示は次の各号のいずれかの趣旨を明確に述べこれ以外の指示をしてはならない。但し、他の停車場手に連絡をさせる必要があるときはその旨を指示することができる。

(1)　進入を許可する場合

〇〇号機関車（又は〇〇号モーターカー）は〇〇（次の停車場の名称）まで運転して下さい。

(2)　進入を許可しない場合

〇〇号機関車（又は〇〇号モーターカー）は運転できません。〇〇号機関車（又は〇〇号モーターカー）が到着したのち再び連絡して下さい。

5　前項の指示を受けた運転手又は助手は指示事項を復誦しなければならない。

6　運転手は列車を停車場手の置かれていない停車場に十分間以上停車させる場合（運転を打切る場合を含む）には双方の停車場手に通告しなければならない。

（閉塞区間の併合）

第十二条　運行表にもとづき運転する場合その他運輸主任が列車の運転上さしつかえないと認めた場合には二以上の閉塞区間を併合して運転することができる。

2　前項の閉塞区間の併合の場合には前条第四項第一号の指示は次のとおり行なうものとする。

〇〇号機関車（又は〇〇号モーターカー）は〇〇（次の停車する停車場の名称）まで運転して下さい。

（通信不能の場合の措置）

第十三条　通信線の故障その他の事由で運転についての指示が得られない場合には列車を閉塞区間に進入させてはならない。但し、緊急の必要があり、かつ閉塞区間内に列車が運転していないことに相当の理由がある場合には助手を列車の一〇〇メートル以上前方に徒歩で進行させ、列車の運転速度を毎時五キロメートル以下として運転させることができる。

（閉塞確認の補助措置）

第十四条　列車が閉塞区間内に進入することができることを確認するため、その他の施設が閉塞区間内について設けられた場合には停車場手又は乗務員はこれを操作し、確認したのちでなければ当該閉塞区間内に列車の進入を許可し又は列車を進入させてはならない。

（閉塞指示確認表）

第十五条　運輸主任は毎日の列車運転開始前に運転手に閉塞指示確認表（様式一）を交付し停車場手からの閉塞についての指示を受けた内容その他必要な事項を記載させかつ運転中携行させるものとする。

2　前項の指示についての記載は、停車場手が置かれている停車場にあっては停車場手が行ない、停車場手が置かれていない停車場にあっては運転手又は助手が第十一条第四項第一号の許可を受けたのち同条第五項の復誦をする前に行なうものとする。

3　運転手は毎日の列車運転終了後運輸主任に閉塞指示確認表を提出しなければならない。

（運転表）

第十六条　停車場手は担当する閉塞区間に運転されている列車の状況を明らかにした運転表を常時記入しておかなければならない。

2　前項の運転表の様式は運輸主任が定める。

（運転計画）

第十七条　運輸主任は毎日の列車運転計画を定め、少なくとも前日中に機関庫長（分任運輸主任にあっては直接運転手）に指示しておかなければならない。

（運転計画にもとづかない運転）

第十八条　緊急その他の理由により運転計画にもとづかない列車を運転する必要があるときは、運輸主任の承認を受けなければならない。
2　止むを得ない事由により前項の承認を受けなかったときは事後すみやかに報告するものとする。
（異例の場合の措置）
第十九条　運転手その他の係員は列車運転上規程及びこの規則によりがたい事例にあたった場合には直ちに運輸主任に報告し、その指示を受けなければならない。

（附　　則）
この規則は昭和39年9月1日から施行する。
この規則の改正部分は昭和41年6月30日から実施する。

○自動トロリー運転規準
1　自動トロリーは次の場合には運輸主任の承認があったものとみなし直ちに運転することができる。この場合において自己の判断によって運転を指示した者はその旨を運輸主任に報告する。
(1) 公務上の傷病又は公務外の傷病でその症状から緊急に移送する必要があると認められる場合。
(2) 山泊者等の近親者の傷病等でその症状が重篤で当該山泊者等を緊急に下山させる必要があると認められる場合。
(3) 非常災害の救援又は防護措置のため緊急にその要員を輸送する必要があると認められる場合。
(4) その他前項各例に準ずる場合。
2　自動トロリーは次の場合であって通常運行される列車を利用しがたいときは原則として運輸主任の承認を受けることができるものとする。
(1) 資金前渡官吏又はその出納員が山泊者の労賃を支払う場合であって賃金の支給定日の確保又は現金保管の安全のため必要がある場合。
(2) 緊急に会議打合せを行なう必要があって当該会議等に出席する者を輸送するために必要がある場合。
(3) 部外者がその業務日程の都合上必要がある場合。
(4) 山泊者等が近親者近隣者等の葬祭等のため下山する必要がある場合。
3　運輸主任は前各号以外の場合に運転について承認を求められた場合にはその事情を調査し、緊急の度合が前各号に準ずる場合についてはこれを承認する。
4　日曜日等で自動トロリーを利用する以外に入下山の方法がないと認められる場合は、前号の判断に当ってこれを緩和する。

○森林鉄道の各部名称

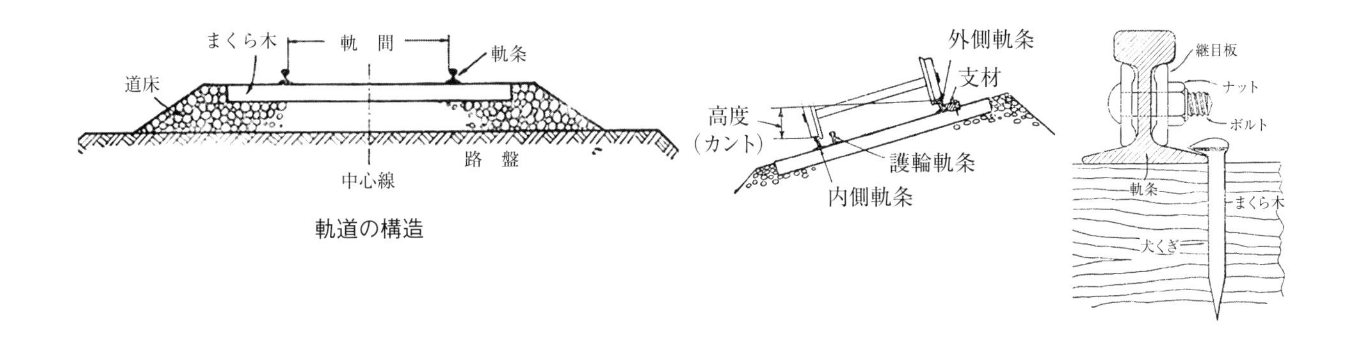

軌道の構造

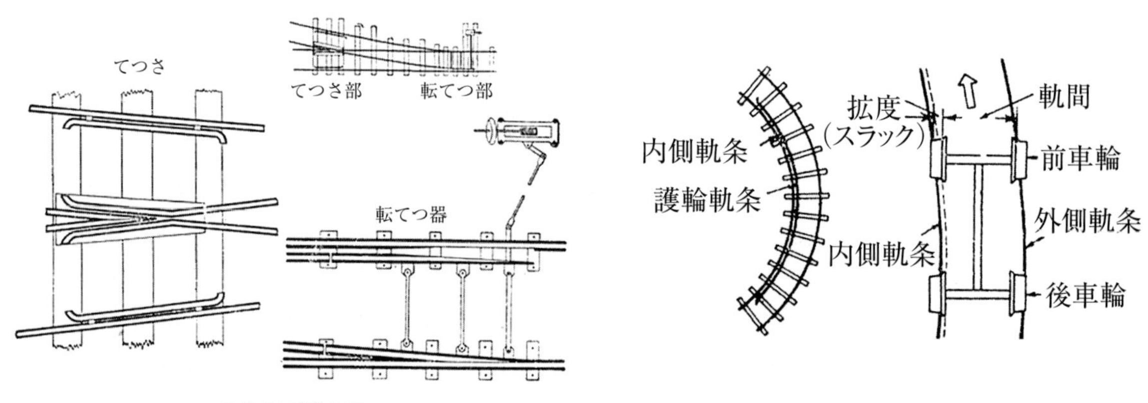

軌条及び附属品

○機械使用職員認定証（例）

機械使用職員認定証

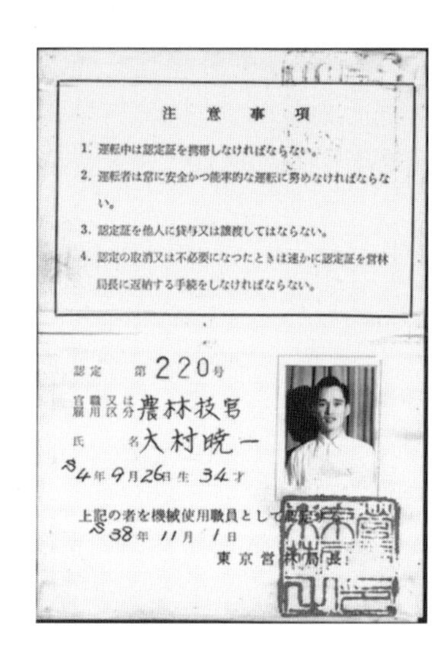

注　意　事　項

1. 運転中は認定証を携帯しなければならない。
2. 運転者は常に安全かつ能率的な運転に努めなければならない。
3. 認定証を他人に貸与又は譲渡してはならない。
4. 認定の取消又は不必要になつたときは速かに認定証を営林局長に返納する手続をしなければならない。

認定　第220号
官職又は雇用区分　農林技官
氏　名　大村暁一
S4年9月26日生　34才
上記の者を機械使用職員として認定
S38年11月1日
東京営林局長

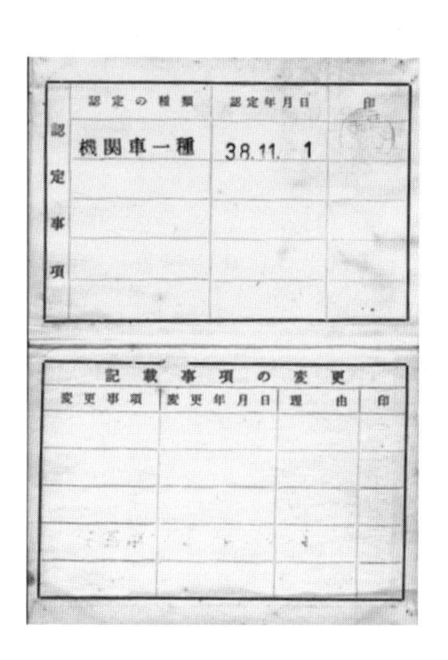

認定事項	認定の種類	認定年月日	印
	機関車一種	38.11. 1	

記載事項の変更

変更事項	変更年月日	理由	印

○レール規格表

NO	レールの種類	高　さ	底部幅	頭部幅	備　　　考
1	60kgレール	174.0㎜	145.0㎜	65.0㎜	現在の新幹線用
2	50kgＴレール	160.0㎜	136.0㎜	65.0㎜	初期の東海道新幹線用
3	50kgＮレール	153.0㎜	127.0㎜	65.0㎜	在来線用
4	50kgレール	144.5㎜	127.0㎜	67.9㎜	50kgＰＳレール＝100ポンドＰＳレール
5	40kgＮレール	140.0㎜	122.0㎜	64.0㎜	在来線用
6	37kgレール	122.2㎜	122.2㎜	60.3㎜	37kgＡＳＣＡレール＝75ポンドＡＳＣＡレール
7	30kgレール	108.0㎜	108.0㎜	60.3㎜	30kgＡＳＣＡレール＝60ポンドＡＳＣＡレール
8	22kgレール	93.7㎜	93.7㎜	50.8㎜	国有林森林鉄道一級線
9	15kgレール	79.4㎜	79.4㎜	42.9㎜	国有林森林鉄道一級線
10	12kgレール	69.9㎜	69.9㎜	38.1㎜	国有林森林鉄道一級線
11	10kgレール	66.7㎜	66.7㎜	34.0㎜	国有林森林鉄道一級線
12	9kgレール	63.5㎜	63.5㎜	32.1㎜	国有林森林鉄道一級線　二級線　その他の線
13	6kgレール	50.8㎜	50.8㎜	25.4㎜	国有林森林鉄道一級線　二級線　手押車輛専用線

17　電源開発工事着工前の交通

(1) 馬車道の建設

大間集落から上流は、宮内省帝室林野局の管理する面積26,000ヘクタール余の皇室財産の世伝御料林（現国有林）であった。当時、帝室林野局は御料林における事業を積極的に展開しようと、大正５年に千頭から寸又川に沿って、上流へ通ずる馬車道の建設に着工した。馬車道の位置は従来大間集落の住人が日常使用していた険しい山道に沿って建設した。

大正７年には大間集落からさらに奥地へと延長し、現在の大間堰堤付近まで施工した時点で、電力会社から寸又川の電源開発計画が発表された。その結果、上流への馬車道の延長は中止された。その時点における馬車道の総延長は、千頭～大間集落間16キロ余であった。当時としては画期的な一大事業であった。

馬車道の開通を契機に以後、御料林の開発事業は積極的に行なわれるようになり、職員の出入りが増えた。また分担区詰所の官舎が２軒造られ、家族連れの旦那が入居していた。

また、馬車道の建設は大間集落の繁栄に決定的な効果を発揮した。即ち今まで大間集落から険しい山道を人の背で運搬していた山葵や椎茸など山の産物、さらには食料品、日用品などの荷物は、牛馬の背や大八車（２～３人で引く木製の２輪台車、８人で背負うくらいの荷物を運ぶことから命名）での大量運搬が可能となった。

また時間の短縮による鮮度維持、安定的に市場への供給が可能となり、有利販売につながった。大間の生産物は、静岡市場の相場を左右するまでに発展した。

馬車道交通の最盛期には15人の馬方が就労し隆盛を極めた。牛馬が途中で鳥獣に驚かされ、谷底に転落死するという事故が２件ほどあった。

地域の開発発展に大きく貢献した無言の牛馬の霊を弔うため、馬頭観世音を祀って供養した。

馬車道の建設工事に携わった労働者は、富山方面からの出稼ぎが多かった。夏の盆踊り大会には大間分教場の運動場において、これらの作業員は集落の老若男女と一緒になり踊った。

馬車道が竣工して、すでに九十余年の年月が流れた。土留めの空石積みなどは寸又川の野面石や現地の雑検知石などが使用された。

馬車道の役目は終わったが、今も崩壊せず歩行可能なところがある。当時、富山から来た石工の技術はいかに優秀であったかが分かる。

このような技術の伝承はすでに途絶えてしまった。この馬車道を大間集落の人達は、今も「御料道」や「馬道」と呼んでいる。

馬車道の建設後、昭和５年に入ると電源開発工事の資材軌道が敷設され、当地域の発展を確かなものにした。そして昭和37年には、奥泉から大間まで併用林道（その後県道に昇格）が開通し、寸又峡温泉の発展を決定的なものとした。

馬車道（御料道）終点の大間橋　（木製トラス橋）
大正７年12月竣工

馬車道位置図

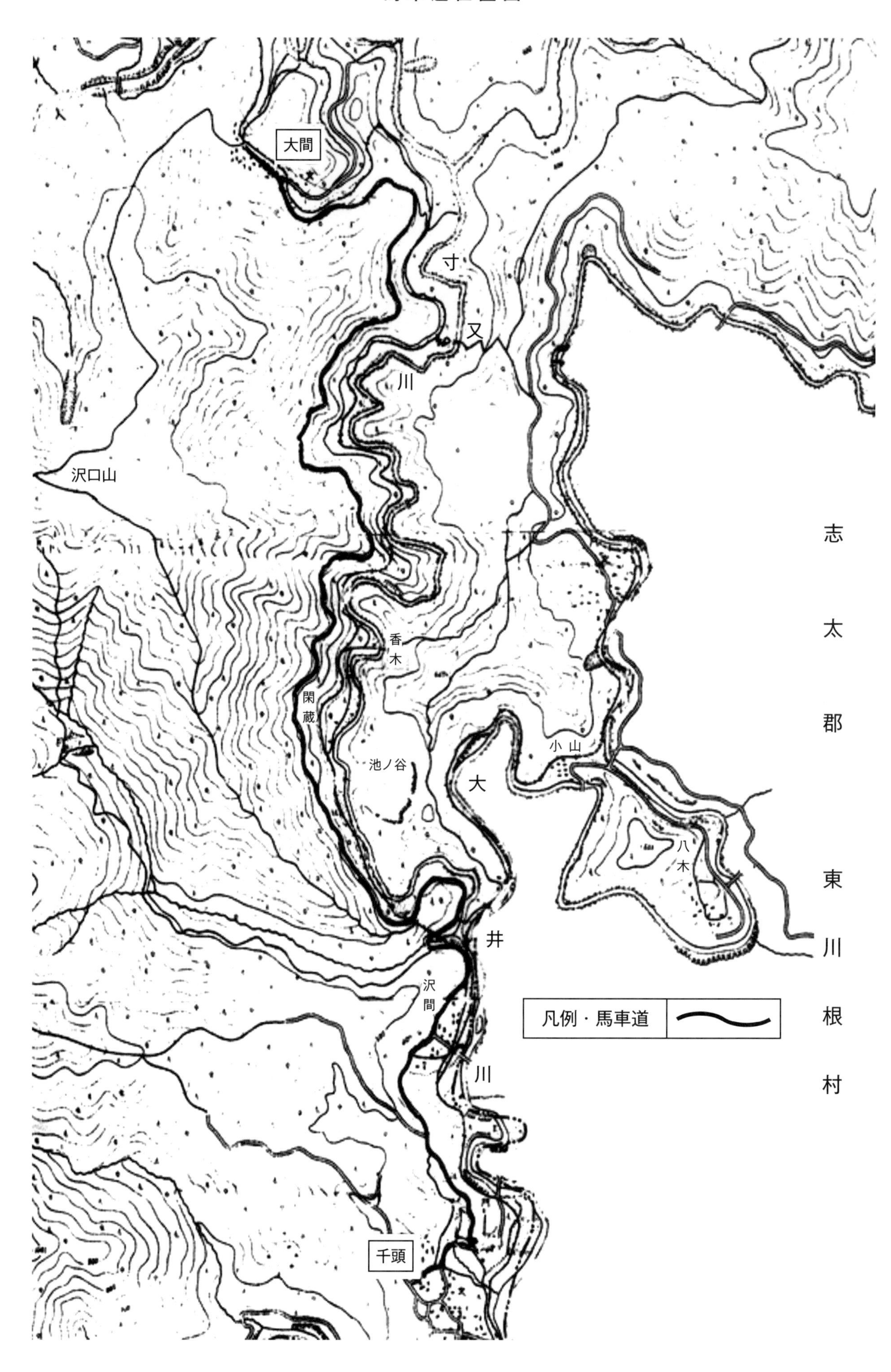

(2) 大井川鉄道の開通

徳川時代は大井川に橋を架けたり、船を浮かべることは御法度であった。明治３年４月、静岡藩の決定により大井川上流地方の物産運搬のため通船方を島田郡役所に通達した。この処分は島田、金谷両宿の住民に対する川越え制度の廃止であり大きなショックであった。

そして、渡渉制度廃止の断が下ったのは、同年５月で翌４年１月には渡船が開始された。その後、同８年頃から島田通船組合は向屋を、金谷通船組合は八軒屋を根拠地にして本格的な通船事業を開始した。船着場は上流沿岸のほとんどの集落に設置された。稀には千頭から上流の閑蔵（川根本町）まで運行したが、それより上流へは行かなかった。

その後、大井川鉄道開通以前の川根地方における交通の先駆者として、第二冨士電力は寸又川に建設する水力発電所や大井川鉄道の建設工事用資材の運搬,さらに流域で生産される茶や椎茸、山葵などの藤枝方面への運搬、逆に米や味噌、醤油、日用雑貨品などの上流各集落への運搬を目的に索道が建設された。索道の起点は滝ノ沢（藤枝市瀬戸谷)、終点は沢間（川根本町）で、その間に15の駅が設けられた。大正12年に運転を開始した本索道は、大井川鉄道の全線開通（昭和６年12月）や軌道の開通（昭和８年12月千頭～沢間）により、昭和12年春廃止された（瀧沢駅～地名駅間は17年まで運行)。

さて一方、旅客輸送や流域で伐採される木材の運搬、発電所の工事用資材などの運搬を目的に大井川鉄道が大正14年に設立された。ところが大井川鉄道は会社を立ち上げたものの、資金調達はうまく進まず、目標の600万円の内、地元の大井川流域で集められた資本は、大倉財閥の創始者・大倉喜八郎や宮内次官（宮内庁長官）の関谷貞三郎達に協力を仰ぎ、残450万円を調達した。宮内庁が加わったのは、大井川の支流・寸又川流域に御料林があったためである。

話はそれるが大倉は大井川の上流に大規模山林を持っていた。88歳のとき大井川源流のさらに奥、南アルプスの赤石岳（3,120㍍）に200人のお付きの者を従えて静岡市から７日間かけて登頂し、山頂まで担がせてきた風呂桶に湯を沸かし身を清め、天皇、皇后両陛下の万歳三唱をした後、山頂で作った豆腐を食べたという実話が残っている。

さて、大井川鉄道は昭和２年６月、第一期線としてようやく金谷～横岡（その後横岡は廃止）間6.4㌔を開業させることができた。以後、路線延長を繰り返し、昭和６年12月、千頭までの全線が開業した。

(3) 電源開発軌道の開通

大井川鉄道の開通によって大井川の電源開発は、急ピッチで進められることになる。

すでに大井川鉄道全線開通前の昭和５年10月に着工した寸又川工事用資材運搬軌道（762㍉ゲージ）は、延長３㌔の千頭から沢間間は昭和８年12月に開通し、沢間から千頭堰堤間の117.4㌔は昭和10年８月に開通した（大間までの開通は昭和６年９月)。その他大間線、下西線を含めた総延長路線は23.4㌔であった。

軌道が開通し工事資材の運搬が開始されると、発電所などの工事が本格的に着工され、堰堤や発電所などの施設が逐次竣工していった。そして工事が終息に向かった昭和13年２月に軌道は御料林に譲渡された。

以後、軌道は千頭森林鉄道として御料林自らの手により、運行管理をすることになった。譲渡時点の軌道総延長は次の通りであった。

昭和 ８年12月開通　千頭～千頭堰堤間20.4㌔（内、千頭～沢間間３㌔を含む）
昭和 ９年 ５月開通　尾崎坂～大間堰堤間６㌔
昭和10年 ８月開通　千頭堰堤～下西河内間2.6㌔

軌道譲渡前の昭和11年度には御料林において、すでに直営直傭による伐木集材が開始された。それまで川狩りによって行なわれていた運材はすべて軌道運材に変わった。そして以後、御料林の事業は漸増の一途を辿った。

事業の拡大と共に大間集落からも多くの山林労働者が雇用された。発電所の建設工事、さらには御料林における積極的な森林経営は直接、間接に大間集落発展の原動力となった。

また森林鉄道は木材運搬と共に、地元住民や登山者などになくてはならない足としても利用された。その後、森林鉄道は国有林野事業の合理化により、木材運搬は機動性のある自動車運材へと切り替えられ、森林鉄道はその役割を終え昭和43年4月を以て廃止した。

(4) 電源開発軌道開通前の木材輸送

初めて筆者が鉄砲堰を見たのは、昭和29年8月17日から6泊7日の予定で実施した南アルプス調査（光岳～赤石岳）のときであった。早朝6時、大村暁一さんの運転するモーターカーで千頭貯木場を出発し、大根沢出合を過ぎ数キロ走行すると落石があり、撥ね除けながらの走行だったが、落石はさらに多くなり運転不能となり、以後は軌道を歩行した。途中からは戦前寸又川に沿って作設した牛馬道を歩行した。

長い長い歩行が続き、一夜を過ごす柴沢造林小屋近くに到着しようというとき、川幅を狭めた寸又川に丸太で組んだ小規模の鉄砲堰があった。戦中、御料林時代に作設した鉄砲堰であった。

戦前、大間川上流の上西出沢などにも、鉄砲堰の残骸らしいものや斧や環ぶち（丸太を引くときなどに木口に鈎などを打込む玄能）などの道具が、放置されていたという話を聞いた記憶がある。

寸又川流域における最後の鉄砲出しによる流送は、加藤一恵さん（恵那市在住、昭和5～13年まで千頭出張所勤務。昭和27年付知営林署で退職）が掲載した「せんず」54年発行132号によると、昭和5年頃に大間川で実行したのが最後だったという。発電所の建設工事が開始されると流送による搬出は終わりを告げた。

大井川本流における鉄砲出しは、昭和45年に東海フォレストが東俣で実行したのが最後のようだ。

鉄砲堰とは川幅が狭隘になった場所に木材で組み上げて作った一種のダムである。

鉄砲堰で完全に塞きとめられた水は日に日に水深を増していく。一方、春に入山した作業員は上流で伐採した材木を次々に川の中に転がし落としていく。この作業を秋まで続けると、鉄砲堰の上流には水に浮いた膨大な量の木材が、マッチの軸木を水を張った洗面器にぎっしりと詰めたように溜まる。

そろそろ山の紅葉も見頃になる10月に入ると、鉄砲堰の窓（放水口）を開ける。すると大量の水が溜まった材木を流していく、最後に木尻と称する作業員が越中舟を操りながら、置いていかれた材木を流れの中に転がしこみながら材の集積場へ下っていく。

下流（水裏）から見た鉄砲堰
撮影　昭和49年10月、大井川東俣にて

木尻は越中舟を操りながら水流から外れた材木を流しながら下っていく。

奥泉堰堤まで流してきた材は、ケーブルクレーンで吊り上げ貨車積みの上、井川線で運材する。

奥地で伐採された木材は寸又川や大井川の豊富な水を利用し、流送によって運ばれてきたが、昭和11年に大井川発電所が竣工、戦後はさらに上流へ上流へとダムが建設されて行くと同時に流送も逐次上流へ追いやられ、昭和40年に入ると流送による運材は終わりを告げた。写真は昭和10年頃の小長井河畔の集積地

(5) 大井川鉄道開通前の大井川交通

「高瀬舟」
明治８年から大正10年頃まで向谷（島田）〜閑蔵間を運行した。
名古屋の御料局から千頭御料林への出張者は静岡まで列車、それから先は徒歩で険しい洗沢峠や冨士城峠を越えて千頭へ、さらに寸又川奥へと入った。帰路は大井川鉄道が開通する昭和６年頃までは徒歩以外にこの高瀬舟も利用した。

「プロペラ船」
大正11年から昭和４年まで島田〜家山間を、同５年から同６年まで家山〜田代間を運行した。
大井川鉄道の開通に伴い廃船となった。

「うかい舟」
大井川を運行し林産物や日用品などの貨物を運搬した。大井川鉄道井川線が開通する昭和29年頃まで運行した。

18 「朝倉毎人日記」から

朝倉毎人第二冨士電力kk社長

この日記は静岡県立図書館に保存されている。

朝倉毎人（つねと）の知名度は今日ではそれほど高くないが、彼は紡績→電力→自動車と、戦前戦中における日本の基幹産業の重役を歴任し、財界をはじめ官界、政界、陸軍などにも知人が多く、その日記からは多くの興味深い事実を読みとることができる。以下、日記から寸又川の電源開発に関係する部分を抽出して引用・掲載する（表記は現代語表記・新字に改めた）。

(1) 紡績から電力に

昭和の初頭頃より世界的の不況に陥り、我国もその影響をうけて、物の動きは鈍化し物価は下落し、生産は不振となり、失業者の続出を見、金融も硬塞するなど、世をあげて沈滞不況の外はなかった。

浜口内閣は此難局を克服するために生まれ、まず金の解禁を断行し、産業の合理化運動を強行する等苦心されたが、其不況の原因が遠く、世界的に深刻に来ておるから対策も容易に効を奏すに到らず、我経済界はますます窮迫の状態となった。紡績業界も原綿下落、製品停滞、金融のひっ迫等も加わりて昭和５年、冨士紡績は無配当を断行することになり、私は常務取締として其責を負ふて職を辞し第二冨士電力会社の代表取締役に就任して電力開発に従事することになった（在住、昭和５年７月～昭和12年３月）。開発担当は静岡県大井川の上流で、千頭御料林を横断する寸又川といふて、千古斧を入れない、人跡未踏の僻地である。

そこは、猿、熊などの跳梁にまかして居る深谷、森林をいやでも通らねばならぬ難処があって、此開発は容易ならぬ難事である。まず交通運輸の途を開くことが第一であり、次で世伝御料地内の工事であるので、その筋の許可を得ることであった。交通の方は地元関係者と協調が整ひて着々準備が進められた。東海道線金谷駅を起点とする千頭までの大井川鉄道の布設を見ることになり、千頭から御料林地帯に亘る十数哩余の間はガソリン車用軽便鉄道を敷くることとし、又架空索道にもよることにして、昭和6年以来順次着手したが、肝心な水利工事許可と事業施工許可の申請はしたものの、なかなか認許されさうもない情勢に直面した。

それは前にも述べた昭和の初から経済界の不況が祟り、電力も自然過剰の傾向となって、各電力会社は供給区域の競争に疲れ切った結果、東電其他の五大電力会社は連盟を結び、発電所の新設を掣肘すべきことを当局に申出て、当局も亦これに和したものの如く、我社の申請は、容易に採択せられさうもなかった。然し世伝御料地内施工事に対する枢密院の許可を得たことは一つの強みであり、又不景気による失業者の救済上にも土木工事を起こすの要あることを力説し、且つ水力開発工事の如きは一朝一夕に完成する性質のものでなく少なくとも３年乃至５年を要するものであるから、たとへ一時刻余剰電力があるとしても、一朝需要を起こした場合は、不況を来たす懸念がないとも限らない趣旨を主張して願意の認許を求めつゝあったが、幸に南弘氏が逓相に新任されたのを機会に右の主旨を強く主張したのである。逓相はよく此主旨に耳を傾け、事情を調査の末聴き届けらるゝに至った。已に起工の準備も行き届きていたので昭和八年夏、本工事に着手、順調に進行して仝10年秋完成するに至った。

完成に近い10年の６月宮内大臣湯浅倉平氏が遠路同工事を視察された。かかる僻遠の山奥に巨大な発電工事の竣工を、まのあたり見られて非常に感激せられたのである。

大体此発電工事は、交通の点に於ても、地勢の関係に於て、難事中の難事とされて居たもので、これより以前当局技師の調査報告によるも、水力発電地点としては有望のものであるが、工事の実施は地勢上到底不可能であると折紙がついて居た。斯る難関であるだけ施工上蹉跌なき様に、十二分の準備は勿論斬新な工法を施すことに努力を払ふた。工事請負者も厳選して間組と鹿島組の二組に分担せしめた。両組共に非常な熱意と発奮を持って竣工を急ぎた。発電機、水車等の機械は国産品本位で、日立製作所製品を採用した。私は責任者として終始毎月一度必ず現場に出かけて激励を怠らなかった。工事中崖崩れ其他の奇禍も度々うけたが、関係者一同の涙ぐましき迄に奮闘したおかげで、流石の難工事とゆわれた此工事も順調に進行した。が私の尤も心痛したことは、資金の件であった。資本金千万円の内の五百万円を払い込みはしたが、需要資金は千五百万円をえうする。
財界沈滞の折柄であり、その資金の調達には容易ならぬことであった。剰さえ電力界の不振も手伝って一時工事の中止も已むを得ないかなどの説も出た。幸に三菱銀行の重役自ら現場を視察され、如何にも同工事が雄大で且つ国家的の尊き事業あると観られ、又難工事を克服する一同の決意に感ぜられて、以来必要な資金を貸付せらるゝことになった。
昭和５年次から準備に着手し７年に工事認可あり、８年に起工し10年秋、芽出度く竣工を見るに至った。同水力工事の特徴は南アルプスの山嶽地帯に亘る世伝御料林中に一大ダムを築き２哩余に亘る玲瓏たる湖水と太山を貫く長隧道を開くことであり、「ダム」は当時稀に見る壮大なるもので、構造も斬新な学術を応用した最新式のものであった。此ダムの成功は、やがて他日大堰堤築造の試金石となったもので、満州の豊水ダム、鴨緑江のダムの築造に確信を得たといひ得る。
10年、発電量は中京地方から歓迎せられ全部供給なすもなお足りない情勢であった。
間もなく支那事変と共に電力の需要頓に増加し、資源開発に逐わるゝに至ったことを考ふると、発電工事は一朝一夕に出来るものでないから常に不断の実施と準備を必要とすべきであると痛感するものである。
同工事は昭和５年より10年まで約５ヶ年の長時間を費して竣工を見た。其間私が跋歩した現場の進行模様や風景、其他感じたことを茲に述べることは出来ないが、唯折にふれ感じた事や特に興味をひいた事につき二、三を述べて当時を回顧したい。

(2) 雨中の吊橋

前任者、鹿村菱川君が昭和３年、大井川の上流を探りた際、私に贈られた詩は同地の模様をよく現して居る。これにこたへた次韻の二、三詩を揚げたい

巨巌断壁擁深湾　杉樹籠渓三里間
回首山雲低我背　雨中踏破釣橋還

原詩　峭壁奇厳幾曲湾　千章新樹鳥声間
何屈平生誇健脚　傘笻疾歩下山帰

よく深谷に架する釣橋の状況が窺われ面白く、雨中急ぎて山を下る有様が眼前に見る様である。

陰欝山中雲霧飛　老鶯舌渋唱歌稀
雨糸乱灑洗心垢　一笠一蓑忘我帰

原詩　眼前層嶺白雲飛　忽到嵐風来往稀
何屈平生誇健脚　笠笻疾歩下山帰

雲霧乱煙の裡を急ぐ行人の情景が巧みにうかがわれて南画を見る様な心地がする。

(3) 初めての千頭の地を踏む

昭和７年初秋、大井川鉄道が開通したのを幸い、同流域の奥地を視察した。千頭は古くから甲州と遠州を結ぶ要地で千頭御料林の咽喉にも当り、大井の清流に沿う風光明媚の一小邑である。

遠尋渓谷欲清魂　鉄路一川一村
駿遠信山方極処　千頭天地武陵源

桃の花にかはる紅葉の錦を織る一帯の渓谷武陵桃源の感がある。

崖頭鉄路枕渓流　寸又魚湍窮遠州
底事杜鵑啼白露　老翁車上坐聞秋

一条の鉄路は千仭もあろう崖の上や渓間の架せられておる。誰れでもこの上を過ぎる時、肌に粟を生じ、目をつぶし、念仏をしないものはない。それに秋でもあろうに翁は車上静かに坐しながら杜鵑一声を聞いて秋を賞して居る。

(4) 飛龍橋

千頭渓谷中、風景の最も勝れ、行人の感歎措くことの出来ない絶景の処が、飛龍橋畔の景色である。仰げば峨峨たる山山白雲翠嵐をまとひ、臥せば千仭の断崖清流を嚙みて居る。この渓流を連ねる一条の鉄橋は遠くから望むと白虹の天半に懸かる観があって、山水自然の美と人口の偉彩は一幅の画を展ぶる趣である。

穿巌架浅遡渓泉　鉄路如虹懸半天
造化加工添偉彩　飛龍橋畔白雲懸

渓流嚙石水煙揺　万仭層崖不昼遙
此地大間澄又橋　白虹似曜飛龍橋

大間川に建設中の飛龍橋　撮影　昭和7年

竣工した飛龍橋　撮影　昭和8年
命名者　帝室林野局長官三矢宮松

(5) 田中広太郎静岡県知事他電源開発工事視察

昭和８年秋、田中静岡県知事、安藤内務部長、神田秘書一行は水力発電工事を視察した。飛龍橋畔の風景に足を駐め激賞やまなかった。沢間より軽舟大井川の清流に泛べて渓谷の美を賞した。万山錦を織りて清秋の気は天地に満ち爽絶何んともいへぬ快楽を覚えた。

遠窮渓谷察民情　草本山川迎此行
聖代恵風周僻地　可知明府憫蒼生

道過深谷放軽舟　酔葉隋流楓錦秋
一棹水煙飛欲起　庶民相迓暮江頭

田中静岡県知事、安藤内務部長、神田秘書一行は朝倉毎人社長の案内により
寸又川水力発電工事視察。トロに間組のマークと台車番号132の表示がある。
撮影　昭和８年秋

舟徳山の河岸についた頃は、日は已に艪ぶち虞淵に落ちて暮色蒼然していた。知事一行をお迎えする村民は歓呼ヲ揚げて喜んだ情景は絵巻物を見る感があった。

(6) 湯浅宮相を迎う

昭和10年６月11日、新緑したたる時、宮内大臣湯浅倉平氏を千頭山に案内した。

此日天晴れ万目新緑につゝまれた道すがら宮相に、工事の状況や現地の民情などを語りつゞけて千頭堰堤についた。宮相は御料林の事情につきては殊の外実施を踏査するの機を得て満足の様子であった。

水力工事につきても克明に質問され、また親しく現場の技術屋から説明を聞かれて満悦の様子が見られた。「ダム」上に設けられた仮小屋の内に休まれ一同と午餐を共にし同行の阿部静岡県知事、中村貴族院議員、宮内省上野技師等と打ちくつろいで快談されて居た。

其際感想を述べられた中に、科学の力、労資の力によりてこの奥地辺陬の渓流から文明の利器である電力となって遠い各地の点燈や、動力に化することは聖代の賜で感激感激に堪へない云々、肺肝からほとばしった詞を聞きて私共一層感激に堪えない所である。

湯浅氏は後幾ばくもなく、斃去されて哀惜の至に堪へぬ。此国難の危機に際し、氏の如き剛毅、純忠の人を側近に失ふていたことは如何にも遺憾の極みであって、特に深い思出がある所である。

薫風六月雨初停　　暁見林巒列画塀
此日高楼迎客好　　千頭山色更青々

一条渓水碧淙瀍　　同倚層楼望渺然
尤喜山村人鼓腹　　聖音霑遍此山川

昭和10年６月10日

時ノ記念日ナリ。

光陰ノ貴キト時間ノ歴史ハ古来ヲ物語リ、又、宇宙ヲシテ永久ニ物語ルモノタルベシ。

快晴ナリ。湯浅宮内大臣沼津ニ皇太后陛下御訪問ノ後ニ千頭御料林視察ニ出掛ノ由ニツキ、案内役ノ為メ午前10時半ニテ西下ス。金谷駅ニ午後２時着。宮相ニハ一列車遅参ノ趣、一寸大井川鉄道事務所ニ少憩シテ再ビ5時ニ金谷駅ニ迎フ。同列車ニ持田氏千頭ヨリ帰途ニ会ス。
5時12分下列車ニテ湯浅宮相以下、阿部県知事閣下同伴、来ラル。駅ニ御案内、刺ヲ通ズ。
5時15分ニ大鉄ニテ7時半千頭着セラル。沿道ヲ親シク視察、御満足ノ態ナリ。清水舘ニ御投泊。大勢ノ事ニテ同舘モ混雑ノ趣。余ハ喜生舘ニ投泊ス。夜間ハ千頭町消防警戒セラル。翌11日ノ料林行ノ手順等ヲ定メ万遺憾ナキヲ期シテ眠ル。安眠ヲ得ズ。

昭和10年6月11日
晴天。空ニ点雲ヲ認メズ、梅雨月ニハ珍シキ好日和ニテ澄秋ノ天ヲ見ル如ク、万山江水亦明朗ナリ。

薫風梅月乍秋晴　暁起江山列眉明
格好遠来迎客日　千頭山色更青々

朝5時頃起床し、万山詣願、窓外朝日岳ハ突兀トシテ西空ニ聳ヘ、連山畳峰亦緑層相連リ、遠近明画自ラ眼前ニ展ブ。大井ノ濁流ハ澄（寸）又ノ清流ニ映ジテ、合流点ノ分明亦能ク両者ヲ比例スルニ足ル。
午前7時半頃大臣一行ハ千頭林野局出張所（御料林）ニ御臨検。8時10分清水舘下ノ軽車ニテ発。奥山ニ進ム。沿線庶民之ヲ迎フルノ状、亦赤子ノ如シ。
路ハ進ミ山険峻ヲ加ヘ、渓谷益々深ク瞰下数千尺、驚歎ノ眼ヲ開カザルナシ。宮相ノ熱心ニ地図ニ目ヲ向ケラレ、一々御料林ノ説明ニ耳ヲ傾ケ、又、水利ノ点亦興味ヲ深クセラル。
大間ニ着スルヤ同小学生ノ歓迎、国旗ヲ掲ゲテ一行ヲ盛ニセラル。大臣、知事御会釈ヲ交ハサレ、飛龍橋畔ニ至ルヤ尾崎ノ旧橋ノ今ヤ廃物視サレ、当年ノ苦心談ヲ為シ、此飛龍橋ハ宮内省高官ノ命名スルモノナルヲ話スヤ、宮相ハ唖々トシテ彼ノ桟橋ハ悲鳴橋ニヤアランカト。
皆洪笑、愛嬌ナリ。余、即席左ノ一詩アリ。

中空似躍飛龍橋　　文化偉功旧態消
可恨千頭渓谷畔　　行人莫顧悲鳴橋

宮相打笑ハレテ御満足ノ趣ナリキ。呵々。
発電所ヲ過ギ堰堤ニ午前11時前着ス。一巡篤ト視察ヲ了ヘラレ昼食ヲ為シ、午後12時半同発。
午後3時30分千頭ニ着、直ニ御出発セラル。終始緊張御視察セラレタル宮相ノ態度ハ仰グベシ。怜悧ナル観察力、判断力ノ敏ナル事、事務的頭脳ノ所有者タル事明ナリ。又、人格モ極メテ率直明朗、鷹揚ナル大度亦大官タルニ恥ヂズ。

客桜江畔水灑湲　　夜来不眠恩切施
只喜山村鼓腹状　　君恩応浴此山川

迎家山宮相一行
路過渓谷放軽舟　　新緑気澄天明秋
一掉水煙飛浴起　　庶民暁迓暮江頭

千頭ニ御一行ヲ見送リテ余ハ一列車後ニテ帰東ス。夜11時半帰宅ス。
湯浅宮相ノ御視察ト共ニ阿部明府亦之ニ随行シ、管下ノ視察ヲ為サル。僻地ノ難所ニ斯ル両大官ノ駕ヲ抂クルハ是レ千載ノ一隅ニシテ地方民ノ満足ハ云フモ更ナリ。我社ノ事業ニ対シテモ親シク之ヲ視察セラレ、篤ト事業ノ大要ヲ理解セラレシコトハ喜ブベキ至ナリ。宮相ハ多年地方官ヲ歴任シ各方面ノ産業ニ通ジ、目下宮相トシテ御料林ヲ管理シ営林ヲ視察ト共ニ同管内ニ起工セル我社ノ水力事業ヲ視テ深ク感歎ノ声ヲ発シ、水力電気業ノ国際的ノ事業トシテ国本ノ基ヲ為スベキ事ヲ知リタルノ概アリ。我社ガ率先シテ此困難ナル事業ヲ起シ拮々十年、将ニ工事ノ完カラントスルニ際シテ親シク之ヲ視察セラレタルハ、事業ソノモノヽ為メニモ喜ブベキ事ナリト信ズ。阿部知事亦感ヲ深クシタルヲ信ズ。将来我社ノ事業上便益スル所不少ベシ。至誠ト熱意ニヨリテ成レル真正ノ事業必ラズヤ天賚ノ好果ヲ収ムベキヤ必然タルベシ。

湯浅倉平宮内大臣寸又川水力発電工事視察。阿部嘉七静岡県知事、朝倉毎人社長等が案内す。当日は晴天なり。6月11日工事視察後帰京す。

昭和10年6月22日

岩田幸恵君今度辞職ニツキ挨拶ニ来ル、仝君ハ富士紡以来、小山工場ノ庶務、特ニ地方関係ハ氏ノ功績少カラズ。今後地方自治ノ為メニ仝君ノ永年ノ経験ニ待ツベキモノアランカ。

午前中、三菱銀行ニ下瀬頭取ヲ訪ヒテ第二期工事資金ノ融通ニツキ説明スル所アリ。万事諒解セラル。第一期工事、十月竣成ノ上ハ、社債ニ振替ノ事ヲモ併テ諒解ヲ求ム。大体承知シ居レリ。之ニテ第一期工事、第二期工事ノ資金ノ点ハ融通ノ事ヲ承知シ呉レテ安心ナリ。宮内省林野局ニ出頭シテ借地ノ件ヲ三浦氏、上野氏ニ説明ヲ為シ置ク。

午後、開成中学校ノ評議員会ニ出席ス。理事ノ選挙其他打合アリ。帰途家内ニ日暮里駅ニ於テ会ス。共ニ帰宅シ、午後6時、子供ト共ニ工業倶楽部ニ至リ余ハ赤坂ノ永楽会ニ出席、富士紡ノ連中ニ会シテ9時帰宅ス。旧友ノ気持ハ良ク解ル。酒ノ上ノ機嫌ハ真平御免ナリ。只方今ノ人ハ皆軟骨漢ノミニテ、気骨稜々タルハ薬ニシ度クモ無シ。

昭和10年7月2日

低気圧未ダ去ラズ。蒸シ暑シ。今朝早ク宮内大臣官邸ニ宮相ヲ尋フ。閑素タル官邸内、一種ノ崇高味ヲ覚ユ。宮相ノ為人ヲ知ルニ足ル。気持能ク会見ヲナシ、種々ノ趣味談モ出デタリ。余ノ拙作ノ詩ヲ呈上ス。宮相恐悦ノ様子、省ノ玄人ニ示ストカ云ハレ居タリ、宮相ノ号、青城ニツキ説明ヲ聞キタルニ、宮相ノ故郷ニ鯖取城ト称スルモノアリ。祖先ガ昔（元亀頃）其城主タリシ事アリトノ事故ニ鯖ノ音ヲ青トシテ城ヲ付シタルナリト。牛込ノ赤城下ニ居ヲ定メタル事アリ。赤城トモ云フ云々。千頭山ノ水力工事、此10月ニハ完成ノ見込故二堰堤ノ橋柱ニ千頭堰堤ノ揮毫ヲ願ヒタルニ快諾セラレタリ。

宮相ノ人格高潔ナルハ定評アリ。余、今初メテ接見スルニ詢ニ立派ナル人格、官吏トシテモ理想的ナルベシ。宮相ノ要職ヲ辱シメザル厳格ノ人タルハ論ヲ待タズ。将来アル人物ト見ル。健康モ亦良シ、或ハ将来、宰相タルノ機アランカ。

国東会ハ盛況ノ見込ナリ。秋元子爵ヨリ水害ノ為メ遠慮シテハ如何哉トノ説出ズ。祝宴ニテモナシ、例会ニシテ且ツ水害トシテモ、余リ対シタル事ニ非ズ。開会差支ナキト思フモ、国東先生ノ内意ヲ聞クニ、先生ハ差支ナシトノ事ナリ。

豊、朝京都ヨリ帰京ス。浜岡老人、両三日前ハ元気ナリシ由ナルモ、体力ハ順次衰弱ヲ加ヘツヽアリトノ事、恢復ヲ祈ルヤ切ナリ。浜岡様ニ御見舞幷ニ豊帰京ノ礼ヲ述ブ。

日野篤三郎君ニ手紙ヲ送ル。今夕刊ニ、日、満、北支三国ノ合弁放資会社設立案発表。余ノ先輩南将軍ニ申送リタルト同一案ナリ。幸ニ健全ノ発達ヲ望ムヤ切ナリ。当局、人ヲ得ルノ必要ナル所以ヲ説キ、篤三郎君ニ一考ヲ資スベキヲ語ル。

(7) 千頭堰堤竣工

昭和10年８月25日の吉日ヲトシテ、「ダム」最後ノ止水工事ヲナス段取トナッタ。コノ工事ハダムノ仕上ゲニ最後ノトドメヲ刺ス仕事デアッテ最モ困難デ、且ツモットモ大切ナモノデ、九仭ノ功ヲ一簣ニ虧クトイフ諺ハ此工事ノ失敗シタ場合ニアテハマルモノデアル。幸ニ無事成功シテ、見ル見ル碧水ヲ湛ヘルコトガ出来テ関係者一同ハ初メテ安堵シ万歳ノ声ハ渓間ニ轟キタ。

幾年努力遂成功　　大堰堤堅峡谷中
湛得深渓奔駛水　　太湖千古碧玲瓏

夜木山雨暁天晴　　止水工成気更生
先挙祝盃相与賀　　懽呼声破潤流声

此工事ハ開始カラ七年目ニ竣工シタガ、其間財界ノ変遷、満州事変ノ勃発等モアリ、其上工事ソレ自身ガ難工事中ノ難工事デモアルノデ其成功ガ幾度モ危ブマレタノデアッタガ、危機ヲ克服シテ無事竣工ヲ見ルニ至リ昭和10年10月、現地沢間ニ於テ竣工式ヲ挙グルコトヲ得タ。地方来賓、会社関係者、請負業者、一堂ニ会シテ盛大ニ祝賀会ヲシタ。

千頭堰堤ノ名ハ湯浅宮相ノ命名スル所デアリ、又其標柱モ同氏揮毫ニカカリ、コレヲ、朝倉文夫先生請イテ銅版ニ刻シテ戴キ、「ダム」上ニ今日巍然ト建テラレテ居ルノハ一偉観デアル。

左ニ竣工式ニ賦シタ拙詩ヲ示シタイ。

1）　将起大工茲幾年　　遠深深谷枕流泉
　　千頭山骨金剛隧　　寸又渓心紺碧淵

　　拮拮辛酸疑鬼削　　営々努力訝神鍋
　　清風業就銜杯賀　　万歳歓呼声震夫

2）　人力勝鬼削　　開発水電工　　駿遠信之界
　　窮峡深谷中　　仰看森立嶽　　俯瞰洞豁谽
　　経年絶人迹　　跳梁猿与熊　　林巉雲出処
　　藤桟架中空　　羊腸途九折　　懸崖似犇龍
　　軽車轆轤走　　工人気倍雄　　伐木又斫石
　　衆響耳欲聾　　緦険剷山髄　　東西水脈通
　　巍峨大堰堤　　湛水碧玲瓏　　星霜踰十歳
　　努力事業終　　黎元額手慶　　功績足無窮
　　嗚呼人智妙　　遂奪真宰功　　能変荊棘地
　　使蒙聖沢隆

以上二ツノ拙詩ハ同水力工事ノ実況ヲ述ベタイト思ッテ作ッタモノダガ、禿筆意ヲツクスコトガ出来ナイ。現場ニ接シ、難工事ニ直面シタ私ハ何ントカシテ其感ジノ幾分マデモ表ワシタイト思ッテ、幾度モ拙詩ヲクリカヘシクリカヘシ誦シタノミデ一向ニ自身ニモ感ジガ出ナカッタ。

其後、間組ノ神部君カラ某画伯ニ依頼シテ千頭山飛龍橋畔ノ佳景ヲ描キ幅ヲ私ニ贈ラレタガ、雄勁而モ枯淡デ真ニセマルモノガアル。其讃ニウタワレテアル詩ハ、私ノ先年同地ヲ過ギテ作ッタ拙詩デアリ穴ニモ入リタイ程デアッタ。此題詩ハ甚ダ拙デアルガ、無声ノ詩トイフ画ノ方ハ一見恍惚トシテ千頭山中ニ遊ブノ感ガアル。私ハ毎夏暑ヲ忘レルタメニ此幅ヲカケテ山中ノ清風渓谷ノ涼味ヲ掬シ得ルコトヲ何ヨリノ楽シミトシテイル。

タマタマ此幅ヲ仰ギテ左ノ誌ヲ得タノデ、茲ニ掲ゲテ見タイ。

白雲揺曳幾林巒　　画裡渓算牀上看
無復炎塵侵几案　　颯然嵐気襲人寒

昭和10年9月21日
（前段省略）
千頭堰堤標柱、鋼板彫刻出来ス。文夫君アトリエニテ見タリ。立派ニ出来テ居タリ。両三日中ニ現場ニ届ケル予定ナリ。（以下省略）

昭和10年10月12日
朝9時燕号ニテ大井川ニ向フ。高橋朴平氏、吉岡君、川根索道ニ出張ノ事故同伴、三等切符ノ客トナル。車内ノ設備モ行届キテ赤切符ナカナカ良シ、食堂ニテ藤井真澄君ニ会フ。
臨席ス。余親族アリト伝ヘラル。行キテ見タルニ小泉穀右衛門氏ナリ。令嬢同伴、神戸ニ行クトノ事ナリ。静岡ニテ別レ普通列車ニ乗換ヘ、午後3時30分千頭着ス。途中大井川鉄道先日ノ出水被害復旧未ダ成ラザレドモ、運転ハ普通ニ快復シ居レリ。
千頭ニ着、直ニ軌道ヲ以テ大間ニ着ス。倶楽部ニ入リテ宿泊ス。安藤君外両三名食事ヲ共ニス。検査ハ順次行ハレ、成績モ良好ナリト。

昭和10年10月13日
早朝起床、7時揮毫ヲ為シ、7時半大間発電所ニ下リテ諸方ヲ視察シ合宿投泊ノ青木検査官ニ一寸挨拶ヲ為ス。慰霊碑ノ場所ヲ定メ、堰堤ニ至リテ貯水池ヲ溯行シテ涼ヲ極ム。紺碧ノ潭トハ初メテ此ノ池ニ於テ見ル所ナリ。
昼食ヲ為シ午後3時大間ニ帰着シ、今日着ノ吉岡君ニ面会シテ、28日開業式ノ諸準備打合ヲ為シ、沢間ニ下ル。会場ヲ見テ大要指示ヲ為シ、5時半千頭ニ着シ、清水舘ニ投ズ。
青木検査官一行6時半頃着宿ス、仝氏ハ鈴木秀人君ノ義弟ナリト。
明日皓々山頂懸リ、大井ノ清流白砂ノ如ク、恍トシテ夢ノ如シ。欄ニ倚リ転ジテ山川ノ美ニ追憶ヲ放ツ。
今日午前中ニ検査ハ至極良成績ニテ終了ス。此旨ヲ東電ニ打電シ又中部高石君ニモ報告シ精々電力借用方申送ル。逓信省官吏検査振リハ洵ニ真面目ニテ、厳格ニ動モスルト失スルノ惧アリ。
是レ反動的ノ現象ナランカ。往年ノ検査ガ余リニ緩ニ過ギタル結果ニ余弊ヲ生ジタルニ比スレバ尚ホ良キ傾向ニテ、寧ロ官吏トシテハ結構事ナリ。

昭和10年10月14日
午前7時40分千頭発、金谷ニ向フ。島田ノ帯祭リニテ各地ヨリ見物ノ客多ク満員、田吾作達ノ話モ亦妙ナリ。青木氏、関沢氏ハ金谷ニテ下車、牧ノ原ヲ見物ス。余、安藤君ハ直ニ県庁ニ至リ、知事、部長、港湾課長等ニ面会シテ、通水許可ヲ受クル事ニ挨拶旁々回礼ス。又、28日、開業式ノ夜、県知事外ヲ静岡市ニ御招待ノ事ノ諒解ヲ受ケ、辞去シテ中村円一郎氏ヲ三十五銀行ニ訪ヒテ、共々午餐ヲ求友亭ニテ為ス。午後2時30分、列車ニテ帰京ス。
天気晴良ニテ温シ。夜7時帰宅ス。伊藤政喜君ヨリ喜八郎君送別会ニツキ話アリタルモ、同君多忙故ニ今回ハ中止ス。

昭和10年10月25日
柳氏ヲ訪フ。病床面会ヲ謝絶。夫人ニ宜敷伝言依頼ス。満州大使館ノ孫氏ヲ訪フ。留守。帰途元田翁ヲ訪フ。是亦病気引篭中、先日来過労ニテ卒倒セリトノ事。目下、安静格別心配無シト。
谷中天王寺ヲ訪ヒ文夫君ト晩餐ヲ共ニス。開業式記念品着々出来居タリ。銅壺結構ノ出来栄ナリ。南将軍令嬢結婚ノ由ニツキ祝儀ヲ贈ル事ニ文夫君ト打合ヲ為ス。

昭和10年10月26日
晴曇。9時燕号ニテ静岡千頭ニ向フ。同伴者樟城君、高橋君ナリ。途中中村氏（測量社）ニ会ス。同行ス。静岡駅ニテ乗替フ。駅前大東館ニ立寄リ県庁人事課ニ電話ス。明後日ハ、松岡技師、知事代理出席ノ由ナリト。千頭ニ午後3時着。大間ニ直行ス。午後5時ニ着ス。八夕館ニ入ル。夜、雨蕭々タリ。果シテ明27日如何ヤト心配ノ内ニ就眠ス。夜中雨歇マズ。

昭和10年10月27日

雨天。夜来ノ山雨茅茨ヲ叩ク、遂ニ眠ルヲ得ズ暁ニ至ル。朝６時起床ス。勇ヲ鼓シテ７時半ニハ大間ヲ発セントス。千頭ニ昨夜着ノ山口、持田、棚橋、江波の四氏ハ、驟雨ニ対シ進退ヲ躊躇ノ色アリトノ報ニ接ス。勧メル事モ亦如何ト思ヒ、只当方ハ予定通リ修祓ノ式、慰霊碑ノ除幕ヲ行フ事トスル旨ヲ通ジ置ケリ。雨益々烈シケルヲ以テ８時ニ発ス。９時、発電所ニ着シ、慰霊碑ノ除幕式ヲ挙グ。折柄大雨到ルモ敢行ス。遺族岩瀬豊平ノ未亡人、二才ノ子供ヲ伴フテ臨席シ、子供ノ除幕終ハリ神官ノ祝詞、余、弔文ヲ読ム。９時半式ヲ終ハリ直ニ発電所内ノ修祓式挙グ。10時半頃山口、持田、棚橋ノ一行着ス。発電所ヲ視察シ12時堰堤ニ向ヒテ此処ニテ修祓ノ式ト湛水湖中ニ船ヲ浮ブ。前夜ノ大雨ニテ湖水ハ満漫タリ。ゲートヲ挙ゲテ溢流ヲ為ス。其勢山河ノ決スル如シ。午後２時同所ヲ発シテ、午後5時半千頭、清水舘ニ投泊ス。同日、東京方面ハ大雨ニテ汽車故障アリテ森村男ハ来静ヲハセ佐々木侯ノミ来静セリトノ報アリ。翌28日ノ開業式準備ヲ為ス。森村男ニ開業式ノ準備成リ安心ヲ乞フ。明日来静ヲ頼ム旨打電ス。

昭和10年10月28日

前日ノ秋晴ハ一天拭フガ如ク、一点ノ埃ヲ留メズ。秋晴ノ好日和朝陽暉々タリ、早朝一発ノ爆音ハ、開業式ノ行ク幸ヲ祝フガ如ク、千頭地方皆歓喜ノ色ニ満ツ。

10時半、会場ノ沢間ノ駅ニ至ル。紅白ノ天幕、緑門ノ威風万般ノ設備成リ居タリ。続々千頭駅ヨリ会場ニ繰リ込ム来賓多シ。正11時ニ開会ス。神官ノ諸式ヲ終ハリ祭文、会長ノ式辞ヲ余、代読シ来賓ノ祝辞祝辞亦多数アリ其間一時間半日光ノ照リ、亦秋ノ烈シサノ為メ、佐々木氏脳貧血ニ将ニ斃レントス。玉串ヲ奉奠シ式ヲ零時半終了。直ニ宴会場ニ入ル。会場ハ高久ニテ大井ノ大川ニ沿ヒ風光明媚。主賓ノ挨拶、万歳三唱アリ。

間組ノ計画ヲ以テ、詩吟、土木会ノ会頭ノ合唱団ノ朗詠ハ特ニ人ノ注意ヲ惹ク。余興場ニハ大賑ヒニテ附近ノ地方民ノ総出ノ姿ナリ。仝夜ハP.C.Lノトーキヲ大間部落ニ行ヒ大人気、老幼皆大喜悦ナリト。

午後２時に沢間ヲ発シテ千頭ニ至リ貸切列車ニテ金谷ニ下ル。午後５時半静岡着シ森村男ト共ニ求友亭ニ行キテ県庁知事外各部長ヲ招待、宴ヲ張ル。主賓、打チ興ジテ大ニ親睦ノ状ヲ見ラル。会社ノ大工事ノ成功ヲ喜バレ、一同歓ヲ尽スヲ得タリ。大東舘ニ投泊ス。

開業式典　挨拶する朝倉毎人第二冨士電力kk社長　場所　沢間会場

開業祝賀会　場所　沢間会場

開業式記念撮影（昭和10年10月28日）　右端の記念塔は湯浅倉平宮内大臣が「千頭堰堤」と命名し揮毫した記念碑　　　　撮影　千頭堰堤堤体上にて

祝賀会の出し物「奴踊り」の芸人達

第二富士電力kk湯山発電所工事社員住宅（左の３棟）、右端の２階は幹部寮
住宅裏に見えるのは工事建設事務所　場所　現在の湯山発電所対岸（寸又川左岸）

昭和７年９月６日　島田警察署の工事現場視察。夜は巡査、鹿島、間組、電力社員らで晩餐を共にす。
撮影　湯山水力工事建設所にて

19　寸又森林軌道沿線名所図絵

寸又森林軌道は、昭和初期、第二富士電力kk（現、中部電力kk）によって、寸又川流域の電源開発に伴う、工事用資材輸送のためにに敷設されたものである。

本電源開発は当時、東洋一と称せられた一大工事であった。

そして、関係者の並々ならぬ努力の甲斐あって、昭和13年、本工事が終了し、湯山発電所並びに大間発電所として送電を開始し現在に至っている。

森林軌道は工事終了後、帝室林野局に譲渡され戦中は軍用材、戦後は復旧用材、さらには高度経済成長時代の木材輸送に活躍し、その輸送量78万立方㍍に達している。

その役割を終えた森林鉄道は昭和43年に廃止された。

本絵図は、寸又川沿線における当時の産業活動を図示した価値ある図絵である。

(1) 絵に添えて一筆

峰巒畳々無明の夢弥深き千古の幽境千頭御料林を貫く寸又川天恵の清流が今や時代の流れに合し第二富士電力株式会社によりて神秘の扉開かれ忽ちにして文化の光輝き燦然として大発電所現出せられしは仰天驚異の目を瞠り唖然隔世の感に打たる難攻不落の嶮を破り蜒々迂曲断崖絶壁を辿る寸又川軌道沿線の大渓谷は其の雄大なる風光他に類例を見ざるべく春の新緑夏の翠恋秋の紅葉冬の雪四季の山色良く清流に調和して詩となり絵となり歌となり軈て一躍天下の景勝たるべし吾等多年此地に於て偉業に参加し今や第一期工事無事完成を告げんとす洵に感激欣快に堪えず茲に第二富士電力株式会社諸賢の高御庇を謝し奉り併せて瀬尾南海画伯山中行脚絵筆の労を感謝す。

昭和10年10月

大間にて　　箐亭　誠

(2) 路線の概況

寸又川軌道は大井川鉄道終点千頭駅を起点とし、寸又川奔流に沿て遡ること26㌔御料林内第二富士電力株式会社千頭堰堤湛水終点に至る途中沢間に於て奥泉線5㌔、（大井川本流井川線）大間川合流点にて大間川線（注　尾崎坂停車場から終点6㌔）を分岐す。

沿線一帯は深山幽谷の情趣に富み且つ第二富士電力大井川電力両社の水力発電所建設せられ大堰堤により山峡に堪へられたる鏡の如き湖面には鬱蒼たる山姿蛾々たる巌を反映し静澄明媚の風光拙文能く之を表現し得ざるを憾む。

(3) 大間部落

寸又川峡谷の畔朝日岳の麓に位し千頭駅より遡ること13㌔余山間の一小部落にして三百年の歴史を有す数年前までは交通頗る不便なりしも第二富士電力会社発電所建設工事の為め軌道開通人口激増今や文化の光に浴して愍盛を極む。此地今より凡そ百二三十年前二疋の白狐棲息出没し部落民常に災禍を蒙りしも霊験顕然なる観音菩薩の加護により遂に之を鎮護し得たりと云ふ其後御堂を建立祭祠し今尚年々祭事を怠らず産土外森神社は大年神を祭神とし神徳広大村民及工事関係者の畏仰する處たり最近改築せられたる壮麗の社殿は老杉の杜と調和し神威更に敬虔の念を深からしむ皇国の加護戦勝の神として毎年三回の祭事あり。

(4) 三叉峡

峰巒畳々峰千重　万古封渓全絶蹤
道是三叉峡谷畔　白紅懸潤以飛龍　　　綺堂

三叉峡は第二富士電力専務朝倉綺堂氏の命名なり、寸又川大間川合流点の峡谷にして大間より約二粁白雲峰巒に去来し白紅潤に懸るこの辺より奥が即ち南黒部峡の称ある寸又峡谷にして到る處俗塵を脱したる仙境なり。

(5) 飛龍橋

三叉橋より行くこと〇.五粁大間川に架らせたる名橋にして長さ七十米余銀色燦たる其の姿直下三百尺の谷間には清流岩嚙みて玉と砕け飛沫散っては虹となり空間の銀色と相映じて恰も飛龍に似たり相迫る断崖絶壁屹立せる奇岩怪石清風徐ろに来たり万魁の涼味に清みて心身自ら爽快なるべし橋名を掲げたる額は帝室林野局長官三矢宮松閣下の揮毫なり。

(6) 湯山

大間川に沿ひ大間より約四粁胃腸病に特効ある、温泉あり山峡渓谷の経路を辿り絶好の避暑地なり。

(7) 湯山発電所の事

一、有効落差　五百尺
一、使用水量　六百八十立方尺（注　昭和57年11月30日中電資料　最大使用水量18.92㎥／毎秒）
一、出　　力　二四〇〇〇キロワット
一、主要機器　二〇〇〇〇馬力の水車　　二台
　　　　　　　一四二〇〇キロの発電機　二台
　　　　　　　一〇〇〇〇キロの変圧器　四台

等の設備あり、配電盤にて数個の押ボタンを動かせばこの水車、発電機を運転し又停止せしむる事自動的自在に出来得る最も進歩せる装置なり屋外の開閉装置を本館の屋上に設置せる点は一寸変った設備なり。

(8) 東側

寸又川の流れに沿ひ大間より約十粁、戸数僅かに十戸、山々の間に点在す、万山を覆ふ四季の色彩駿遠甲信四カ国に跨る無尽の大御料林の抱れて寸又川の清きせせらぎの音を聞きつつ静かに眠りしこの地東側に住む人も今や大堰堤の出現により訪れ来る天下地名の人士と接し世の変転と偉大なる文化の力唯驚くの他なかるべし東側大根沢附近矢平は往昔甲州武田系の一族居住せりといふ屋敷跡あり又おみねといへる女賊四十人余りの子分を擁し常に出没して里人を脅かし人畜に危害を加へ其暴戻募りし故里人等憤然大挙して岩穴に追詰め遂に惨殺せりと云ふ其の祟りにて其後住民病魔に襲はれ再び災禍至る拠って祠を建て供養を営み其の難を免れたりと伝説のままを記す最近この寸又峡を経て光り岳に登り又信州への山越えは一層趣味ありて登山家の心を唆るべし。

(9) 千頭堰堤の事

一、所　　在　静岡県榛原郡上川根村千頭御料地内
一、工事竣工　昭和十年九月
一、堰堤高さ　二百十四尺（川底岩盤より）
一、堰堤頂長　五百八十九尺
一、有効貯水量　一億八千万立方尺
一、堰堤コンクリート量　二万一千立坪
一、使用セメント　五十五万袋

(10) 寸 又 俚 謡

寸又寸又と馬鹿にはするな
　　　堰堤の高さが二百尺
寸又仙境二日で越せば
　　　信州乙女の顔見へる
浮世離れた寸又の奥も
　　　今じゃ電化の新天地

龍が躍るよ寸又の奥は
　　　　谷底深くしぶきあげ
鬼が棲むかよ寸又の奥は
　　　　石をかみ割る音がする
乙女はずかし若草萌えりや
　　　　春が来たかや寸又川
男伊達だよ寸又の奥に
　　　　造って見せます大湖水

南　海

堰堤の水満々と秋晴るる
秋晴や小鳥舞込む山の宿
此先は熊が出るぞと栗ひろい
栗の毬踏み捨ててある山路かな
瀧しぶきトロくぐり行く月夜哉

20　旧千頭森林鉄道を訪ねて　撮影　2015年1月26日・6月4日・10月7日・12月7日

千頭森林鉄道は、昭和10年に全線開通し、発電ダムの工事資材や材木輸送に活躍した。

戦後になり自動車の普及や林道密度の向上、さらには伐採事業地の奥地化に伴い、木材輸送は自動車輸送に切り替えられた。そして、昭和43年4月、その役目を終えた千頭森林鉄道は廃線となり長い歴史を閉じた。

光陰矢の如し、月日の流れは早く、千頭森林鉄道が廃止になって、すでに半世紀近くになろうとしている。地形急峻な寸又川の河床近くに敷設された軌道は、その後、山腹の崩壊や増水による路盤の決壊などにより、歩行不能な個所が多く、数十年後にはその姿は完全に消滅してしまうことであろう。

現時点で、軌道跡が比較的残っている個所は、基岩の硬い部分やトンネル、橋梁などである。

軌条は廃線当時、ほとんど撤去してしまったが、今も当時の面影を残している。

橋梁は鋼製桁なので落橋の恐れはないが、枕木の腐朽が甚だしく、釣り人などが小径丸太を利用し、補強の上通行している。

さて、今回のコースは大間林道を歩行し、途中からは軌道跡を小型車道に改修した道路を歩行した。この改修は中部電力が大間堰堤の保守管理のため施行したものである。

大間堰堤からしばらく軌道を歩行し、当時私が担当した黒松沢事業地に到着した。すると軌道跡は大崩壊しており、崩壊地の横断は危険なので、黒松沢を下流に下り沢を横断し、尾根を登り再び軌道へ出て歩行を続けた。しばらく行くと土砂崩壊があり、再度、軌道跡から大間川へ下り、上流に向かって河床の歩行を続けた。しかし、日没前に帰着するには残り時間が少なくなったので、往路を折り返し帰路についた。

以下は、往時を偲びながら、撮影した写真、及び森林鉄道運行当時の写真も入れてまとめたものである。

千頭営林署千頭貯木場（千頭森林鉄道起点）跡の遠望　　撮影　小長井地内国道362号より

千頭貯木場と昭和43年４月廃線の千頭森林鉄道（写真左に軌道敷）

千頭森林鉄道廃線前の大間集落　　　撮影　昭和31年

寸又峡温泉（大間集落）の遠望　　撮影　外森山々頂にて

今も残る千頭森林鉄道「大間停車場」

大間地内の軌道跡
野面石の空石積みは出稼ぎの富山の石工が積んだ。建設後80年を経過したが今も堅固だ。
当時の石工の腕は見上げたものだ。

軌道廃線跡
軌道は奥に見える旅館「飛龍荘」の裏から外森神社の参道下の短いトンネルをくぐり奥に向かっていた。

大間集落内の外森神社参道下を通過していた軌道跡は土砂で埋まり浅くなってしまった。

車道に改良した天子隧道

大間集落内を通過する軌道跡。
廃線後は林道に改良する。

旧大間駅前の営林署温泉寮

廃棄レールで製作した営林署大間寮の柵

伐採地への吊橋残骸。森林鉄道と対岸の作業地を結ぶ吊橋は長さ高さ共に90メートル前後のものが各所に架かっていた。

57、58林班界附近の隧道手前にある落石防止のシェルター

同隧道の出口。奥は大間事業所へ。

奥湯沢橋梁。鋼製桁の上にコンクリートを打ち取水ダム管理用車道に改良した（63～57林班）。

各所に残る鋼製桁は枕木が腐朽し歩行は危険である。小径丸太で補強し歩道橋として使用している（66林班）。

左上方附近を通過していた軌道は黒松沢の増水により軌道の土留めコンクリートは洗掘され跡形もない（54林班）。

黒松沢の増水により軌道の土留めが洗掘転倒してしまった（55林班）。

青薙沢から流れ出た10キロ軌条、青薙沢出合（53林班）

上西事業地へ上る天地吊橋（221～98林班）。
高さ100メートル,主索1本で架橋してあり、揺れが恐ろしく大きかった。沢へ下りて対岸に上ると1時間ほどかかった。
吊橋を渡ると3、4分だった。　　　撮影　昭和29年

○以下は半世紀過ぎた上西事業地

天地索道。左上方に主索が残る。中央の人工林附近に上盤台跡がある（107林班内）。遠方の稜線は104林班

索道の上盤台と搬器。
当時は視界が良く下盤台や森林鉄道などが一望できた。
今は雑木が繁茂し視界は全く利かない。

上西事業が終了し半世紀が過ぎた。作業員宿舎は朽ち果ててしまった。
索道上盤台から宿舎までは作業軌道を歩行し10分ほどだった。
宿舎の下方には昔の部落跡があり、墓地が残っている。
（『千頭山小史』186頁参照）

熊の被害。伐採後に植え付けたスギ、ヒノキの人工林。
春、冬眠から覚めた熊は樹皮を剥ぎ樹液を舐める。

人の入らなくなった森林は熊が増え、悠々と皮を剝ぐ。
木材の価値はゼロになる。

21 用 語 解 説（→印は本項で解説）

イ、枝払い　枝払いは、伐倒した樹木の枝を斧やチェンソーによって幹から切り離して円筒状の丸太に仕上げ、次の玉切り作業に備える準備工程である。

ウ、運　材　運材を広義に解釈すると、→集材のような小範囲の木材の移動も作業に入るが林業用語としては山→土場に集められた原木を木材市場または中継点の駅土場などに輸送することをいう。

カ、懸　木　立木の伐倒作業において伐倒方向の誤り、弦、枝からみの立木、風などによって伐倒木が隣接の立木に寄り懸かることをいう。

架線集(運)材　2地点（伐採地から→林道端（林道で幅員の広い部分）など）の支柱間にワイヤロープを張って材木を運送する方法。

キ、木馬運材　47頁参照。

機械集材　木馬や牛馬などの畜力によらず、機械力によって集材する方法の一般的呼称。
機械集材には→集材機を基点として→伐区林内（伐採予定区域内）に→索道を架設して伐倒木を集める。
→架線集(運)材、また林内用トラクター集材など各種の集材方法がある。

木寄せ　林内に散在する伐倒木（→造材されたもの）を、次の作業工程になる→運材のため機械力（索道、林内集材車など）によって林道端に集材する作業をいう。

ケ、化粧掛け　→造材の手直し作業のことをいう。→枝払いした造材木の木口の端を削ることを頭巾（40頁参照）といい、これは集材などの途中で造材木が物に衝突して木口割れを防ぐ方法の一つである。また根張りを削り落として平滑にしたり、枝払い後の手直しなどをして市場価値の低下を防ぐ作業をいう。

サ、索　道　立木などを利用して支柱を立て、その区間にワイヤロープを張り搬器を吊るして走行させ、運材を行なう施設である。

シ、樹　齢　樹木の種が芽生えてから経過した年数をいう。マツ、スギなどの針葉樹は年ごとに年輪を加えるから幹の断面を見ると経過年数が分かる。

集　材　→造材した丸太を→運材に便利な場所に集積すること。林内に散在する丸太を人力や→架線集(運)材などによって集める。

人力集材　伐倒→玉切りされた丸太を人力で集めること。木寄せ作業といわれ、数十㍍の短距離の集材で、トビや木回しなどを用い、丸太を転がして集材するものである。
集材材積の少ない場合、あるいは多額の経費を要する他の集材方法によらなければならないときは100㍍以上に及ぶときもある。

集材機集材　人力集材、畜力集材に対して機械力特に→集材機による集材をいう。集材機による集材法には①グランド・ハイリード法、②ハイリード法、③スカイライン法に分けられる。①は集材機のワイヤロープの先端に木材を取り付けて林地上を直引きするもの、②は元柱から張られたワイヤロープの他端を林内に残る伐採した根株に固定し、木材を滑車で吊るすようにして目標地点に集める、③は架線を用いて丸太を空中に吊り上げて集材するため木材の損傷が防げる。
最も多く用いられる集材法の一つである。

集材機　林内に散在する伐倒木を一ヶ所に集める作業用機械の一つ。エンジン、動力伝達装置、ドラム（ワイヤロープの巻取り胴）、制動装置を主要部として備え、それらを鉄製の橇に搭載して林内の移動を容易にした構造を持つもので、ワイヤロープを使って集材する。日本で林業用集材機が使用されたのは大正2年、台湾の阿里山にアメリカから輸入されたのが最初で、大正9年には木曾に蒸気機関式が輸入され、その後、昭和3年にガソリンエンジン式がやはりアメリカから輸入された。国産は昭和5年木曾型が開発されたが（『千頭山小史』76頁参照）、昭和26年スイスからウェッセン式集材機が輸入されて以来、国産機の性能は急速に改良され、発達して各作業種に適した軽量小型から大型、重量800～5,000㌔以上、出力20～100馬力以上、ドラムも単胴から複胴（2～5胴）、燃料もガソリン、ディーゼルなど多機種が生産されるようになった（『千頭山小史』30頁参照）。

セ　全幹集材　立木を伐倒し、枝付きのまま→集材機などで→集材または→運材を行ない、→林道端などの→盤台の上で→玉切り造材する作業を全幹集材作業という。

ソ、素　材　未加工の原材料という意味であり、木材の場合は丸太及び杣角（→運材に便利なように丸太の四方を削り角に丸みが残っているもの）の総称。

造　材　立木を伐採して枝を払い、丸太にすることを造材作業という。

造材仕様書　造材仕様書は伐採予定木に対し、搬出関係、市場での木材需給状況を検討して作られた、採材方法などの注意書である。

造材歩止　→立木から採材した丸太材積との比率をいう。樹種→胸高直径の大小などによって異なるが針葉樹では60～90％、広葉樹では40～70％である。立木材積では樹皮を含むが、丸太材積では含まない。

タ、単純林（純林）　1樹種によって成立している林分または森林。→混交林（1樹種で成立する→単純林に対応する語で混合林ということもある。2種類以上の樹種が混じって生育し森林を形成している状態）に対応する語。
ただし木材としての利用の対象となる立木以外の下木類は考えに入れない。

玉切り　立木を伐倒して→枝払いが済んだ後、樹幹の大小、曲直、節、腐れなどの欠点を見極めて用途に応じて定められた長さ（定尺という）にチェンソーなどを用いて切断する作業をいう。

チ、貯　材　各種の運搬法により、搬出された木材を需要者の手に渡すか、あるいは他の運搬方法により搬出されるまで貯蔵することを貯材といい、この場所を→土場または貯木場という。

チェンソー　鋸歯のついたチェーンを動力で高速回転させて立木や木材を切断する動力鋸。
チェンソーはチェーンを回転させる原動機と動力を伝達する部分、作業員が操作する操縦部、木材を切断する鋸部を主要構造部として組み立てられている。
チェンソーは山林の現地作業で使用されるので携行に便利なように小型軽量、操作簡便、燃料消費量が少なく稼動効率の高いことが要求される。現在のチェンソーは、かつて問題となったレイノー氏病（白蠟病）対策による低振動、低騒音の機種が開発されている（『千頭山小史』70頁参照）。

ト、頭　巾　　40頁参照。

土　場　　伐採した原木を→集材・→運材の途中で一時的に集積しておく所を土場という。伐採地点から林道沿いに集積するところを①山土場といい、そこからトラックなどで最寄りの鉄道駅附近に運搬して置くところを②駅土場という。①は集材量も少ないが、②は逐次集材量が増加する性質上、面積も広く、仕分け、→巻立てなどに必要な機械力（クレーン、フォークリフト、集材機など）を設備した規模のものとなる。

トラッククレーン　移動式クレーンの一種で荷役機械として→土場等で→巻立てや原木の積込み、荷下ろし、その他原木の移動、整理作業など多面的に活用されている。
構造は大型トラックのシャーシーに独立したクレーン用エンジンを搭載し、360度全方位回転可能。吊上げ能力は1～5ﾄﾝ。機動性に飛んだクレーンの一つである。
クレーンにはこの他、ホイールクレーン、クローラークレーンなどがある。

ハ、椪積　　木材市場に出荷されるまで、原木（丸太）または製材品を広場に一時積重ねておくことをいう。

伐採方法　立木を伐る方法。伐採用具は長い間、斧、鋸などの手工具を用いていたが、昭和30年代に入るとチェンソーが導入され、作業の安全と生産性向上になくてはならない器具となった。伐倒作業は安全を第一に周囲の状況を良く観察し、伐倒方向を決め作業に入らなければならない。
まず始めに受口を作る。根張りを取った後なるべく低く、水平にチェンソーバーを入れる（深さは径の3分の1～4分の1）。次に30度から45度の角度で斜めにバーを入れ、水平切りの曳終り線と一致するまで切り込む。
受口ができると次に追口を切り伐倒することになるが、追口を切り込む位置は受口の上辺近くとし、切り込む角度は樹心に対して直角とする。

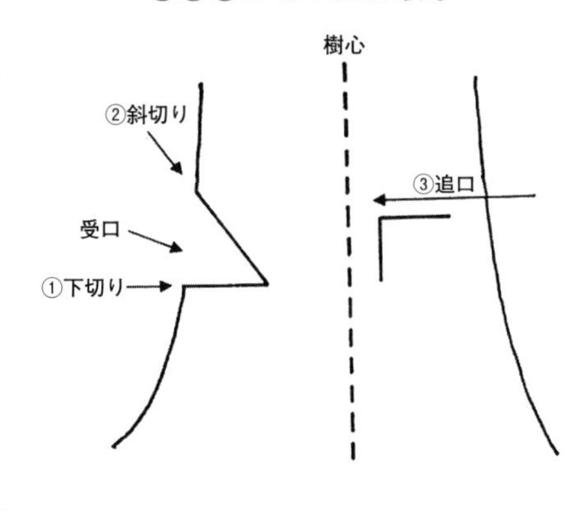

伐倒方向　立木を目的の方向に伐倒する手段。立木の根際に所定の伐倒方向に受口を作り、反対側の受口斜切りの上部へ向かってバーを水平に入れ、最後は楔を入れ伐倒方向へ確実に倒す。

盤　台　　→集材用→索道などの起点（原木の積込み地）と終点（原木下ろし地）で原木の積込み、荷下ろし作業を安全且つ能率的に行なう作業場のことで、丸太などを使って水平に組み立てた台をいう。

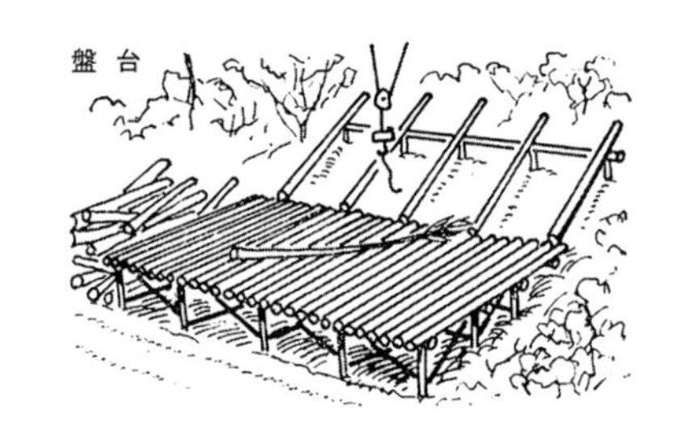

フ、フォークローダー　荷役作業機械の一種。→土場などにおいて原木の積込み、椪積などに使用する。

マ、巻立て　　→枝払いの済んだ原木、又は→丸太を一時→貯木場や→土場にクレーン、→集材機などの機械力を用いて一定の高さ量に積み上げる作業をいう（土場または貯木場：搬出された木材を需要者の手に渡すか貯蔵することを貯材といい、あるいは他の運搬機関により搬出されるまでこの場所を土場または貯木場という）。

丸太検知　生産された丸太について、素材の日本農林規格に基づいて計量（長級及び径級）と品等格付け（品等区分）を行ない、これを野帳に取り標示する作業。

リ、輪　尺　　樹木の直径（胸高）を測って材積を算出する器具の一種。樹幹を挟んで直径を測定するものである。

流　送　　古くから行なわれていた木材運搬の方法で、一度に多くの木材を→運材できるので森林鉄道のない時代において重要なものであった。

木材の水に浮く性質を利用し、水流に乗せて輸送するので、流送は陸送に比べて木材の損失が多く、天候・水量などに影響され、搬出に多大の日数を要するが、運材施設のない場合でも低廉にしかも少ない労力で多量の木材を運搬することができるなどの利点があるので、それぞれの林業地を中心に独自の発達をとげたものである。それゆえに方法はいろいろで地域ごとに装置並びに作業方法は異なる。呼称も「川流し」「川狩り」「バラ狩り」「鉄砲出し」などがある。

大井川流域で行なわれていた流送は「鉄砲」と称し、伐り出した木材を使って築堰し一種のダムを造り、多量の水と伐り出した大量の木材を溜め、一気に堰を切り水の勢いで木材を流していく所謂「バラ狩り」という方法が行なわれてきた。（『千頭山小史』173頁参照）

あとがき

筆者は昭和29年6月1日付で、高萩営林署から千頭営林署へ転勤の辞令を受けた。

当時、高萩署で千頭団地（静岡県西部に位置する千頭、気田、水窪の3営林署の管理する4万4,600ヘクタール余を千頭団地と称した）の勤務経験者は大西重之事業課長と岩田久光土木係長の二人がいた。ご両人に千頭署の概要を聞くと「谷あいの村で空が狭くお天道様の顔があまり見られない」とか「田圃がなく米が取れない」「道がなく車が入れない」「事業現場への出張は最低1泊、日帰りは不可能」などと良い話は聞けなかった。

先輩、同僚からは「お前、何か悪いことでもしたのか？　島流しだなあー」などと言われたのを記憶している。そして、さらにわかったことは全国で十指に入る事業量を持つ署であること。地形が急峻で脆弱な地質の奥地天然林であること。山泊形態であること。輸送手段は唯一、森林鉄道であること。機械化の先進地であることなど。

茨城団地の箱庭のような、なだらかな人工林とは比較にならない厳しい環境であることがわかった。

千頭署、2度目の勤務だったあるとき、上西事業地の河合美一作業班長から次のような話を聞いたのを記憶している。河合班長が岐阜の民有林へ伐出作業に入っていたあるとき、庄屋（伐出作業を請負う親方）が「河合、この山が終わったら、千頭山に入るが、行くか？」と言われた。

以前、千頭山の作業環境は極めて厳しいということを耳にしていたので、これは大変なことになったと思い、モジモジしていると、庄屋が「河合、鉈で頭を剃るか、千頭山に入るか？　どっちだ」と一喝された。そのとき河合班長は坊主が剃刀で頭を剃るとき泣くほど痛いというのに、鉈で頭を剃られてはかなわんと思い入山を決意したという。千頭山の作業条件はいかに厳しいかがわかる。御料林時代の昭和の初め岐阜県などから千頭山に入山した多くの作業員がいたが、その後、何人かが千頭に住み着いた。河合班長もその一人であった。

筆者が最初に赴任した頃、八幡山の庁舎へ登る車道はなかった。下方の町道で車を降り、徒歩で八幡山に登った。庁舎の周りにある宿舎への引越し荷物は貨車で送った。貨車は大井川鉄道から中部電力井川線（現大井川鉄道井川線）の両国駅近くの側線へ引きこみ、側線から八幡山に架設してある物資運搬用架線で上げた。

車の入らない村、日本一高い料金の大井川鉄道、一事が万事、聞いたことも見たこともない話が多く、日本にこんなところがあるのか、大変な所へ来てしまったと思った。

さて、初めての勤務を含め、四たびの千頭署勤務中、なんといっても忘れられないのは伐木造材や集運材、森林鉄道などの作業中に亡くなった多くの人々との思い出である。

死亡事故発生のつど、現地調査や警察署の死体検視の立会いや現場の案内、労働基準監督署への現地説明、さらには徹夜で上局や関係機関へ提出する報告書の作成など思い出は尽きない。

亡くなった人々の笑顔は半世紀を過ぎようとしている今も忘れることはできない。

当時、千頭1署と函館局全署の労働災害発生件数は同一だ、という指摘があった。

前記のとおり千頭署は地形急峻で複雑な作業工程など、厳しい作業条件は全国一と言われた。

それだけに労働災害に対する安全対策と生産性の向上は至上命令であった。

このような厳しい作業条件の中で、千頭森林鉄道は第二富士電力から帝室林野局に譲渡されて以来、戦中戦後の激動の時代から高度経済成長期の三十数年間の長きにわたり運行してきた。

しかし、時代の趨勢には勝てず昭和43年度を以て、廃止の止むなきに至った。

廃止式典は昭和43年4月5日、千頭営林署千頭貯木場（千頭森林鉄道起点）において挙行された。式典の数ヶ月前、当時の南三郎署長（在任期間　昭和41年8月16日～昭和43年8月16日）から、式典の段取りと参列者に贈呈する記念品の制作を命じられ、デザインなどで悩んだことが思い出される。

千頭森林鉄道廃止後、早くも半世紀の月日が流れようとしている。当時、東京営林局管内の森林鉄道は秩父、平塚、千頭、気田、水窪の5署で運行していた。しかしいずれの森林鉄道も同時期に廃止された。廃止後、これらの署で森林鉄道に関する記念史的なものを刊行したという話は聞かなかった。

千頭森林鉄道は廃止後、早くも半世紀になろうとしている。現在も残っている千頭森林鉄道の痕跡はいずれ消滅し、忘れ去られてしまうことは間違いないであろう。

筆者は数年前、自宅で倉庫などを整理していると、当時撮影した写真や関係資料が出てきた。これらはいずれ、時が経ち人が変われば廃棄されてしまうことは間違いないだろうと思った。そこで、この貴重な資料を何とか纏めて、発刊できないだろうかと考えていた。文才のない私に纏まるだろうか、残された時間は少なく焦るばかりである。そして、やっと重い腰を上げ、取纏めに着手した。

手元の写真を見ると一枚一枚すべてに、それぞれの思い出があり、捨てがたい写真ばかりであった。300枚ほどある写真のすべてが使える訳ではなく、アングルの変わった写真はないだろうかと思った。かつて一緒に勤務した人々から拝借しようと、大井川流域の知人を尋ね歩いたが集まらなかった。振り返ってみると、戦後の昭和30年頃までは35ミリカメラは高価な時代であり、写真の普及はまだまだであった。写真が残っていないのも無理はないだろうと思った。

今回、執筆に着手してから長い時間が経過したが、曲りなりにも何とか形あるものになり、『賛歌　千頭森林鉄道』として後世に残すことができた。

それは藩籍奉還以来、官林、御料林そして国有林へと百三十年余の伝統ある千頭署の厳しい環境の中で、良き先輩、同僚に恵まれ勤務ができたこと、そして写真などの資料があったればこそ可能になったものと思っている。

当時、車の入らない不便な地への四たびの引越しは妻まかせ、家財道具の梱包、解体など大変な労力と時間を要した。学校がたびたび変わる子供達の負担は大きかった。

そういう中にあって、子供達は人並みに一社会人として成長したことは、妻の力に負うことが大きかった。先の『千頭山がたり』『千頭山小史』『千頭山』などの出版、今回の出版についても妻の協力を得た。記して感謝したい。

今回の出版が、かつて厳しい環境の奥深い千頭山の開発に入山した地元の人々始め、遠く四国や富山、岐阜、長野などから家族と別れ、単身ではるばる遠方の千頭山に入山し、艱難辛苦をものともせず仕事に励んだ人々と、その留守家庭を守った妻や子供達などにご高覧頂ければ無上の喜びである。

本書の出版に当たり、ご多忙中のところ「発刊に寄せて」を賜りました地元静岡県川根本町町長鈴木敏夫氏、並びに静岡大学山岳部紫岳会会長、NPO法人山の交流センター理事長、日本山岳会評議員などの要職にある山本良三氏、また「図書名」と「発刊に寄せて」を賜りました元青森森林管理局長・石巻専修大学人間工学部各員教授、矢部三雄氏に対し深甚なる謝意を申し上げる。

また元大間郵便局長・本川根教育委員、文化財保護審議会委員、温泉審議会委員などを歴任し寸又峡温泉生みの親である望月恒一氏、元千頭営林署千頭貯木場修理工場において機関車や貨車など修理全般の業務を担当した大村暁一氏には幾多のご配慮を頂き厚く御礼を申し上げる。

また、編集を担当し貴重なご指摘や示唆を賜りました編集局理事長沢邦武氏、並びに文芸社のみなさまに厚く御礼を申し上げる。

平成二十八年春
茨城県大子町にて
谷田部　英雄

主要参考文献

静岡県立図書館	『朝倉毎人日記』	不明
箐亭　誠	『寸又森林軌道沿線名所図絵』	1935年
日本林業技術協会	『林業技術史』	1972年
銀 河 書 房	『木曽の森林鉄道』	1973年
静岡県中川根町役場	『広報中川根』	1974年
財団法人林野弘済会	『林業基礎用語辞典』	1981年
財団法人林業機械化協会	『集材機作業規準・解説』	1983年
財団法人林業機械化協会	『集材機作業要領・解説』	1983年
財団法人林業機械化協会	『伐木造材作業規準・解説』	1984年
財団法人林業機械化協会	『伐木造材作業規準・解説』	1984年
（財）林野弘済会東京支部	『東京営林局百年史』	1988年
関東森林管理局東京分局	『千頭営林署の歴史』	2001年
谷 田 部 英 雄	『千頭山がたり』	2005年
谷 田 部 英 雄	『千頭山小史』	2008年
谷 田 部 英 雄	『千頭山』	2011年
望　月　恒　一	『大寸俣村から寸又峡』	2012年

著者プロフィール

谷田部 英雄（やたべ ひでお）

茨城県久慈郡大子町出生

昭和23年　林野庁東京営林局
　同49年　林業専門技術員試験合格（森林法）
　同52年　第23回　林業技術賞受賞（日本林業技術協会）
　同53年　一級功績賞受賞（林野庁長官）
　同53年　国務大臣表彰（科学技術庁）
　同54年　フィリピン共和国及びマレーシア連邦他へ林業経営調査で出張
　同56年　千頭営林署次長
　同56年　JICA林業プロジェクト・ビルマアラカン山系林業技術協力計画エバリュエーション調査でミャンマー連邦へ出張
　同57年　東京営林局事業部作業課長補佐
　同59年　林野庁東京営林局高萩営林署長
　同60年　社会福祉法人愛正会非常勤理事
　同62年　退　官
　同62年　医療法人愛正会施設部長兼社会福祉法人理事
　同63年　温泉保養システム調査によりスイス連邦、オーストリア共和国、ドイツ連邦共和国、フランス共和国へ出張
平成元年　社会福祉法人愛正会理事兼身体障害者療護施設長
　同 6年　社会福祉法人愛正会非常勤理事現在に至る

著書（非売品）
『千頭山がたり』　2005年
『千頭山小史』　2008年
『千頭山　森林鉄道と山奥で働いた人々のあかし』　2011年
『史実を訪ねて』　2014年

タイトルネーミング：矢部三雄氏

賛歌　千頭森林鉄道

2016年7月15日　初版第1刷発行

著　者　谷田部 英雄
発行者　瓜谷 綱延
発行所　株式会社文芸社
〒160-0022　東京都新宿区新宿1-10-1
電話　03-5369-3060（代表）
03-5369-2299（販売）

印刷所　図書印刷株式会社

ISBN978-4-286-17290-3